Tobias Bartel

Yuval Noah Hararis

Homo Deus

Tobias Bartel

Yuval Noah Hararis *Homo Deus*

Ein Blick in die Zukunft?

Tectum Verlag

Tobias Bartel
Yuval Noah Hararis *Homo Deus*
Ein Blick in die Zukunft?

ISBN 978-3-8288-4523-7
ePDF 978-3-8288-7566-1

Gesamtverantwortung für Druck und Herstellung
bei der Nomos Verlagsgesellschaft mbH & Co. KG

Printed in Germany

Besuchen Sie uns im Internet
www.tectum-verlag.de

Bibliografische Informationen der Deutschen Nationalbibliothek

Die Deutsche Nationalbibliothek verzeichnet diese Publikation
in der Deutschen Nationalbibliografie; detaillierte bibliografische
Angaben sind im Internet über http://dnb.d-nb.de abrufbar.

Inhalt

Vorwort

Bevor ich die Arbeit von Tobias Bartel gelesen hatte, hielt ich es für wenig sinnvoll, sich mit Homo Deus von Yuval Noah Harari intensiv auseinanderzusetzen. Much Ado About Nothing – Viel Lärm um Nichts, um es überspitzt böse auszudrücken.

Mir gefiel nicht, daß Harari zunächst vorgibt, die Zukunft durch detaillierte Extrapolation, insbesondere der technischen Entwicklungen der Gegenwart, zu prognostizieren, um dann einen Rückzieher zu machen und seine Prognosen zu relativieren.

Die Volte, die er schlägt, lautet wie folgt: die tausend Teufel, die für die Zukunft an die Wand gemalt wurden, lassen sich vermeiden, wenn wir, d.h. die Menschheit, bei unserem Handeln Vernunft walten lassen.

Das Ganze erinnerte mich an ein Gespräch zwischen Peter Drucker und einem seiner engsten Freunde, Marshall McLuhan, vor beinahe 60 Jahren. McLuhan berichtete Drucker von einem Kongreß über Automation, von dem er gerade zurückgekehrt war, mit den Worten: „Weißt du, es war gerade so als ob die Pferdekutscher 1905 eine Versammlung einberufen hätten, um über die gesellschaftlichen Folgen der Automobile zu diskutieren. Ein Professor hält eine gelehrte Vorlesung über die Umschulung von Pferden. Ein anderer legt statistische Unterlagen vor, um nachzuweisen, daß durch das Automobil die Nachfrage nach Pferden und ihr Wert stark steigen werden; man werde ja so viel mehr als bisher brauchen, um Automobile aus dem Graben zu ziehen."

Mein Fazit lautete daher: *Homo Deus* muß man nicht lesen!

Mit seiner umfassenden und präzisen, durchaus kritischen Analyse und Deutung von Hararis Gesamtwerk und indem Tobias Bartel Hararis Konzept den Gedanken für die Zukunft anderer namhafter Denker gegenüberstellt, macht er deutlich, wie wichtig es ist, daß wir gerade in turbulenten Zeiten wie den unseren systematisch über die Zukunft von

Wirtschaft und Gesellschaft nachdenken. Die Dialektik zwischen Theorie und Praxis drängt uns geradezu, daß wir uns auch mit Hararis *Homo Deus* auseinandersetzen. Tobias Bartel liefert hierfür eine überaus gelungene Einführung.

Peter Paschek

Legende

Die in dieser Arbeit verwendeten direkten und indirekten Zitate sind durch Fußnoten hinter dem jeweiligen Gedanken gekennzeichnet. Aus Gründen der Übersicht finden sich die Quellenangaben in der Fußzeile jeweils in gekürzter Form wieder. Der nachfolgenden Liste ist zu entnehmen, welche Originaltitel hinter den verwendeten Kurzformen stehen und auf welche Ausgaben sich die in den Fußnoten angegebenen Seitenzahlen beziehen. Im Literaturverzeichnis sind jeweils die Erstausgaben der verwendeten Bücher angegeben.

Kurzform (Fußnote)	**Autor**	**Buchtitel**	**Ausgabe**	**Verlag**	**Sprache**
Harari, „*Eine kurze Geschichte der Menschheit*", 2015	Harari, Y. N.	Eine kurze Geschichte der Menschheit	2015 9. Auflage	München: Pantheon	deutsch
Harari, „*Homo Deus*", 2017, englisch	Harari, Y. N.	Homo Deus. A Brief History of Tomorrow	2017	London: Vintage	englisch
Harari, „*Homo Deus*", 2017	Harari, Y. N.	Homo Deus. Eine kurze Geschichte von Morgen	2017	München: C.H. Beck	deutsch
Harari, „*21 Lektionen für das 21. Jahrhundert*", 2019	Harari, Y. N.	21 Lektionen für das 21. Jahrhundert	2019 1. Auflage Paperback	München: C.H. Beck	deutsch
Heusinger, „*Die Lexik der deutschen Gegenwartssprache*", 2004	Heusinger, S.	Die Lexik der deutschen Gegenwartssprache. Eine Einführung	2004	München: W. Fink	deutsch
Hidalgo, „*Why Information Grows*", 2016	Hidalgo, C.	Why Information Grows. The Evolution of Order, from Atoms to Economies	2016	London: Penguin	englisch

Kelly, "*What Technology Wants*", 2011	Kelly, K.	What Technology Wants	2011	New York: Viking Penguin	englisch
Leonhard, "*Technology vs. Humanity*", 2017	Leonhard, G.	Technology vs. Humanity. Unsere Zukunft zwischen Mensch und Maschine	2017	München: Vahlen	deutsch
Lohr, „*Dataism*", 2016	Lohr, S.	Data-ism. Inside the Big Data Revolution	2016	London: Oneworld	englisch
Mayring, „*Qualitative Inhaltsanalyse*", 1991	Mayring, P. (Hrsg. Flick, U., v. Kardoff E., Keupp, H., & v. Rosenstiel L., Wolff S.)	Qualitative Inhaltsanalyse (in Handbuch qualitative Forschung: Grundlagen, Konzepte, Methoden und Anwendungen)	1991 (Buch von 1995, 2. Auflage)	München: Beltz	deutsch
Mayring & Fenzl, „*Qualitative Inhaltsanalyse*", 2000	Mayring, P. & Fenzl, T. (Hrsg. Baur, N., Blasius, J.)	Qualitative Inhaltsanalyse (in Handbuch Methoden der empirischen Sozialforschung)	2000 (Buch von 2014, 1. Auflage)	Wiesbaden: Springer VS	deutsch
Pinker, „*Enlightenment Now*", 2019	Pinker, S.	Enlightenment Now. The Case for Reason, Science, Humanism, and Progress	2019	New York: Viking Penguin	englisch
Spengler, „*Der Untergang des Abendlandes, Band I*", 2017	Spengler, O.	Der Untergang des Abendlandes. Umrisse einer Morphologie der Weltgeschichte. Band I: Gestalt und Wirklichkeit	2017	Köln: Anaconda	deutsch

Strasser, „*Spenglers Visionen*“, 2018	Strasser, P.	Spenglers Visionen. Hundert Jahre Untergang des Abendlandes	2018	Wien: Braumüller	deutsch
Wehler, „*Deutsche Gesellschaftsgeschichte, Band 4*“, 1987	Wehler, H.-U.	Deutsche Gesellschaftsgeschichte. Band 4. Vom Beginn des Ersten Weltkrieges bis zur Gründung der beiden deutschen Staaten 1914–1949.	1987	München: C.H. Beck	deutsch

Sofern sich auf wissenschaftliche Papers oder Artikel bezogen wird, sind diese in den Fußnoten, genau wie im Literaturverzeichnis, jeweils in vollständiger Form angegeben.

In dieser Arbeit dienen zuzüglich zu klassischer Literatur auch Daten, Artikel, etc. von Websites als Quellen. Auch hierbei findet sich in der Fußzeile aus Übersichtsgründen nur eine gekürzte Angabe wieder, welche lediglich aus dem Namen der zugrundeliegenden Website, dem Erscheinungsjahr, sofern bekannt dem Autor, sowie dem Titel der Quelle besteht. Die hinzugehörige URL, sowie das zuletzt geprüfte Abrufdatum können dem Literaturverzeichnis unter der entsprechenden Bezeichnung entnommen werden.

1. Abstract

Den Kern dieser Arbeit bildet das Buch „Homo Deus. Eine Geschichte von Morgen“ des Bestsellerautors und Historikers Yuval Noah Harari verbunden mit der Frage, ob es sich dabei um einen Blick in die Zukunft handelt. Zunächst werden dessen Person und der Inhalt seiner Werke ausführlich dargelegt, um seinen Blick auf die Welt zu umreißen. Auf diese Erkenntnisse aufbauend erfolgt eine Einordnung des Charakters des benannten Buches und ein ergänzender Vergleich mit Werken anderer Denker, welche die menschliche Zukunft betrachten. Anschließend folgt eine Diskussion, welche Hararis Beschreibung des Dataismus als zu untersuchende Hypothese herausgreift. Hararis Darstellung des Dataismus wird mit dem Forschungsstand abgeglichen und kritisch beleuchtet. Abschließend werden wirtschaftliche Entwicklungen, welche eine Zukunft nach Harari mit sich brächte, aber über seine Beschreibung der Ökonomie hinausgehen, skizziert. Die Forschungsfrage kann insofern beantwortet werden, als dass es sich bei Hararis Buch „Homo Deus. Eine Geschichte von Morgen“ zwar nicht um einen Blick in die Zukunft handelt, dieses jedoch mögliche Entwicklungen aufzeigt und als Diskussionsgrundlage dienen soll.

The essence of this thesis is the book “Homo Deus. A Brief History of Tomorrow” by the bestselling author and historian Yuval Noah Harari combined with the question of whether it is a foresight. First, his person and the content of his books are presented in detail to outline his view of the world. Based on these findings, a classification of the character of the book in question is made and a supplementary comparison is made with the works of other thinkers who deal with the human future. This is followed by a discussion of Harari's description of dataism as a hypothesis to be examined. This is compared with the state of research and critically examined. Finally, economic developments which a future to Harari would bring, but which go beyond his description of the economy, are outlined. The research question can be answered to the extent that Harari's "Homo Deus. A Brief History of Tomorrow" is not a look into the future, but it does show possible developments and should serve as a basis for discussion.

2. Einleitung

Jeder Mensch hat eine Vorstellung von der Zukunft. Diese mag von eigenen Hoffnungen und Wünschen, aber auch von Ängsten geprägt sein. Gleichwohl waren die Menschen seit jeher neugierig darauf, zu erfahren, was Morgen für sie bereithalten würde. Daher ist es nicht verwunderlich, dass Vorhersagen und Prophezeiungen auf große Teile der Menschheit eine anziehende Wirkung hatten und dies auch heute noch für viele Menschen zutrifft. Was früher durch Orakel oder heilige Schriften geschah, findet in der modernen Welt unter anderem durch die Aussagen von Börsenanalysten statt. Nicht selten kommt es vor, dass diese auf nahezu magische Weise Recht behalten sollen. Natürlich muss man dabei berücksichtigen, dass falsche Vorhersagen, wie sie zumeist geäußert werden, nicht in dem Maße in den Köpfen bleiben. Zudem weisen die Börsengurus, die einen Treffer landeten, sei es durch tatsächliches Können oder reines Glück, laut und öffentlich wirksam darauf hin. Hinzu kommen Phänomene wie das der selbsterfüllenden Prophezeiung, auf welche bereits vor über 70 Jahren der amerikanische Soziologe Robert Merton hinwies.[1]

Wie schwierig das Unterfangen mit der Voraussage der Zukunft gerade bei einem größeren Zeithorizont ist, zeigt sich aktuell in der Corona-Krise. Wer hätte vor fünf Monaten vorhersagen können, dass beinahe die gesamte Welt unter Ausgangsbeschränkungen stehen, Gesundheitssysteme in nahezu allen Ländern an ihre Grenzen und darüber hinaus kommen und sich eine vielleicht noch nie dagewesene Weltwirtschaftskrise ereignen würde? Wer hätte vorhersehen können, dass das Verspeisen einer Fledermaus im chinesischen Wuhan, wobei diese Erkenntnis nicht gesichert ist, zu Tausenden von Toten in Norditalien führen

1 Merton, R. K. (1948). The self-fulfilling prophecy. *The antioch review*, *8*(2), 193–210.

würde? Dieses Ereignis erinnert stark an Lorenz' Schmetterlingseffekt, wonach der Flügelschlag eines Schmetterlings einen Tornado auslösen könne.[2]

Was jedoch bleibt und gesichert ist, ist die Erkenntnis, dass die Welt im Jahre 2020 ein nie dagewesenes globales Ereignis erlebt und durchleidet und dieses Ereignis die Welt wohl nachhaltig verändern wird. In einem Artikel für die Financial Times beleuchtet Yuval Noah Harari, der Historiker und Autor, um welchen sich diese Arbeit dreht, diese Folgen. Er sieht unter anderem eine Gefahr darin, dass überwachende Notfallmaßnahmen bestehen bleiben könnten und die Freiheit der Menschen auch nach der überstandenen Pandemie eingeschränkt würde. Ebenso bemerkt er, dass der globale Charakter dieser Krise zudem zu einer Belastungsprobe internationaler Solidarität und Zusammenarbeit würde und die Zeichen dabei nicht gut stünden.[3]

Bei allen Problemen und Unwägbarkeiten, welche die Betrachtung der Zukunft aus der Natur ihrer Sache heraus mit sich bringt, widmen sich dennoch viele Denker unserer Zeit diesem Thema und wagen einen Blick nach vorne. So auch der bereits erwähnte Yuval Noah Harari, welcher in seinem Buch „Homo Deus. Eine Geschichte von Morgen" die Zukunft zum Thema macht. Wie er dabei vorgeht, als was dieses Buch einzuordnen ist und welche Auswirkungen sich aus den von ihm beschriebenen Entwicklungen ergäben, wird in dieser Arbeit behandelt. Diese Untersuchungen dienen dazu, die Frage des Titels dieser Arbeit zu beantworten. Handelt es sich bei Hararis „Homo Deus. Eine Geschichte von Morgen" um einen Blick in die Zukunft?

---

2 Lorenz, E. (2000). The butterfly effect. *World Scientific Series on Nonlinear Science Series A*, *39*, 91–94.

3 Financial Times (2020). Harari, Y. N. *The world after coronavirus.*

3. Methode

Das Ziel dieser Arbeit ist es, das Buch „Homo Deus. Eine Geschichte von Morgen" und dessen Implikationen aus verschiedenen Blickwinkeln zu beleuchten. Die Methode, welche hierbei im Zentrum steht, ist die der Literaturanalyse.

Zunächst wird ein theoretischer Hintergrund geschaffen. Den Anfang macht dabei ein recherchierter Blick auf den Autoren Yuval Noah Harari selbst. Daraufhin wird auch der Inhalt seiner Werke beschrieben. Wie der Titel der Arbeit verrät, liegt der Fokus auf seinem zweiten Buch, das die Zukunft behandelt. Dessen Inhaltsbeschreibung fußt auf knapp gehaltenen Zusammenfassungen seiner beiden anderen Bücher „Eine kurze Geschichte der Menschheit" und „21 Lektionen für das 21. Jahrhundert". Ausführlicher wird daraufhin das zentrale Werk dieser Arbeit dargelegt. Zum Abschluss des theoretischen Teils wird exemplarisch der Dataismus, als eine von Hararis vielen Hypothesen, herausgegriffen und deren Inhalt umfänglich geschildert.

Der Inhalt dieses Theorieteils wird mittels einer zusammenfassenden qualitativen Inhaltsanalyse dargebracht. Ziel einer solchen Analyse ist es, den Inhalt von Textstücken komprimiert wiederzugeben.[4] Die hierzu verwendeten Techniken sind das Auslassen, die Generalisation, die Konstruktion, die Integration, die Selektion und die Bündelung.[5] Die Kombination dieser Techniken wird in der Literaturwissenschaft auch Paraphrasierung genannt.

Im Anschluss daran folgt der Ergebnisteil. Das Ziel dessen ist es, zum einen die Lesart des „Homo Deus. Eine Geschichte von Morgen" und dessen, was dieses Buch selbst als Ergebnis präsentiert, einzuordnen. Die zugrundeliegende Methode beruht auf sprachlicher Analyse

4 Mayring, „*Qualitative Inhaltsanalyse*", 1991. S. 209–213.

5 Mayring & Fenzl, „*Qualitative Inhaltsanalyse*", 2000. S. 543–556.

und einem Vergleich der deutschen und der englischen Ausgabe. Für diesen Abschnitt kommt ein Vorteil der im vorigen Abschnitt durchgeführten qualitativen Inhaltsanalyse zum Tragen, denn auch latente Sinngehalte dürfen dabei berücksichtigt werden.[6]

Zum anderen wird das Wesen, sowie der Fokus von Hararis Zukunftswerk einem Vergleich mit bedeutender Zukunftsliteratur anderer Autoren unterzogen. Um einen anschaulichen Vergleich zu ermöglichen, wird der Inhalt der zu vergleichenden Bücher ebenfalls anhand einer zusammenfassenden qualitativen Inhaltsanalyse grob wiedergegeben.

Vollendet wird die Arbeit mit einer Diskussion über den Begriff des Dataismus, sowie einem Aufzeigen möglicher wirtschaftlicher Auswirkungen, wenn man von einer Zukunft nach Harari ausgeht. Dieser Diskussion liegt eine Recherche in Papers, anderer Literatur, sowie in Statistiken und sonstigen Daten zugrunde. Ergänzt wird dies im Diskussionskapitel über den Dataismus durch den Einsatz der Methode der explizierenden qualitativen Inhaltsanalyse. Ist bei der Zusammenfassung eine Komprimierung von Inhalt das Ziel, bedeutet eine Explikation das genaue Gegenteil. Zur genaueren Beleuchtung einzelner Aspekte und Begriffe werden zusätzliche Quellen, die zu einem tieferen Verständnis dienen, herangezogen.[7]

Zusätzlich zu den oben vorgestellten Methoden qualitativer Literaturanalyse wird eine schriftliche Leser-, bzw. Expertenbefragung durchgeführt. Dazu werden als Teilnehmer zum einen Personen aus dem näheren Umfeld des Erstellers dieser Arbeit, welche „Homo Deus. Eine Geschichte von Morgen“ gelesen haben, ausgewählt. Zum anderen erklärte sich auch Prof. Dr. Michael Mirow, studierter Wirtschaftsingenieur, langjährig verantwortlich für die strategische Planung der Siemens AG, Honorarprofessor und zudem auch Leser besagten Buches von Harari zu einem Gespräch bereit. Unter anderem durch seine Promotion in Kybernetik und Systemtheorie kann Mirows Einschätzung als Expertenmeinung gelten.

Die Befragung selbst besteht aus sechs Fragen, welche sich teils allgemein auf Hararis Werk, teils jedoch auch auf einen einzelnen Aspekt, wie Hararis Form des Dataismus, beziehen. Bevor die Teilnehmer den Bogen mit den Fragen schriftlich ausfüllen, finden jeweils begleitende Gespräche zu Harari und seinen Werken, sowie dem Charakter dieser

---

6 Mayring, „*Qualitative Inhaltsanalyse*“, 1991. S. 209–213.

7 Mayring, “*Qualitative Inhaltsanalyse*”, 1991. S. 209–213.

Arbeit statt. Die Befragung hat zusammen mit den begleitenden Gesprächen und Diskussionen den Zweck, als Inspiration und für Denkanstöße zu dienen und somit auch für eine Erweiterung des Blickwinkels zu sorgen. Außerdem kann der Inhalt der Antworten als zusätzliche Quelle, insbesondere für den Diskussionsteil, genutzt werden.

4. Theorie

Dieses Kapitel beschäftigt sich zunächst mit der Person des Historikers und Autors Yuval Noah Harari selbst. Im Anschluss wird der Inhalt seiner bislang veröffentlichten Bücher abgehandelt, worunter auch „Homo Deus. Eine Geschichte von Morgen“, das den Kern dieser Arbeit bildet, fällt. Besonderes Augenmerk wird darauffolgend auf einer gewichtigen Hypothese dieses Werks liegen: Dem Dataismus. Ziel dieser theoretischen Herleitung ist es, Kenntnisse über den Autoren selbst, vor allem aber auch über die Gedanken dieser Person zu vermitteln. Nur mit diesem Wissen ist es möglich, „Homo Deus. Eine Geschichte von Morgen“ selbst und die auf dieses Kapitel folgende Analyse und Diskussion gänzlich zu umreißen.

4.1 Die Person Y. N. Harari

Yuval Noah Harari, im Folgenden Harari genannt, wurde am 24. Februar 1976 in Haifa, Israel, geboren.[8] Er bezeichnet sich selbst als sorgenschweren und rastlosen Heranwachsenden, der getrieben von den großen Fragen war. Schon früh begab er sich in Büchern auf die Suche nach Antworten hierauf. Die wirkliche Lösung, glaubte er deshalb, sei in der akademischen Welt zu finden.[9] So studierte Harari von 1993–1998 an der Hebräischen Universität Jerusalem Geschichte und schloss sein Studium mit dem Master of Arts ab. Es folgte im Jahr 2002 seine Promotion an der Universität von Oxford. Auch nach dem Erlangen des

8 Ynharari.com (2020). *About Yuval Noah Harari.*

9 Harari, Y.N. „*21 Lektionen für das 21. Jahrhundert*“, 2019. S. 472f.

Doktortitels blieb Harari im universitären Bereich. Seit 2005 ist er Dozent der Geschichtsfakultät an der Hebräischen Universität Jerusalem und lebt auch in dieser Stadt.[10]

Hararis Forschungsgebiete umfassen die Weltgeschichte, Mittelalterforschung und Militärgeschichte. Wie anfangs erwähnt, bewegen ihn jedoch vor allem die großen Fragen, wie beispielsweise der Ursprung des Leides auf der Welt. Seine aktuellen Studien haben daher eher einen makro-geschichtlichen Fokus. Er begibt sich darin unter anderem auf die Suche nach Gerechtigkeit in der Geschichte und wirft ein Licht auf die ethischen Fragen, die der wissenschaftliche und technologische Fortschritt mit sich bringen wird.[11]

Einer breiten Öffentlichkeit wurde er jedoch in seiner Rolle als Autor seiner Werke „Eine kurze Geschichte der Menschheit", „Homo Deus. Eine Geschichte von Morgen" und „21 Lektionen für das 21. Jahrhundert" bekannt. Mit Übersetzungen in über 50 Sprachen und über 20 Millionen verkauften Exemplaren ist er einer der bedeutenden Bestsellerautoren dieser Zeit. Er schaffte es, sowohl 96 Wochen am Stück in den Top 3 der Sunday Times Bestseller-Liste geführt zu werden, als auch beispielsweise für „Homo Deus. Eine Geschichte von Morgen" mit dem Wirtschaftsbuchpreis ausgezeichnet zu werden. Doch nicht nur seine Verkaufszahlen und zahlreichen Prämierungen unterstreichen seine Relevanz in der heutigen Populärwissenschaft. Auch, dass seine Texte regelmäßig in der *New York Times*, oder *The Economist* zu finden sind und dass er bei einer Vielzahl öffentlicher Diskussionsrunden zu Gast ist, bestätigen seine Bedeutung. Im Rahmen dieser öffentlichen Auftritte kam Harari mit den mächtigsten Menschen der Welt in Kontakt: Nicht nur Spitzenpolitiker, wie die deutsche Bundeskanzlerin Angela Merkel, waren unter diesen Personen, sondern auch Größen aus der Wirtschaft, wie Facebook-CEO Mark Zuckerberg, mit dem er eine öffentliche Konversation über die Zukunft der Gesellschaft und der künstlichen Intelligenz führte.[12]

Doch worin sieht Harari seine Aufgabe und den Zweck der von ihm veröffentlichten Literatur? In seiner Selbstbeschreibung reduziert sich Harari selbst von einem akademischen Influencer zum einfachen Historiker. Dadurch, dass die heutige Welt von Informationen – wichtigen wie unwichtigen – überflutet wird, sieht er seine Rolle darin, seinen

10 Hebrew University of Jerusalem (2008). *Yuval Noah Harari – Curriculum Vitae.*

11 Ynharari.com (2020). *About Yuval Noah Harari.*

12 Ynharari.com (2020). *About Yuval Noah Harari.*

Lesern Klarheit über die Welt zu vermitteln. Seine Idee dahinter ist folgende: Wenn mehr Menschen einen klareren Blick auf die Geschichte, die Gegenwart und die Zukunft der Menschheit und der Welt haben, können sich auch mehr Menschen an Diskussionen darüber beteiligen. Dies sei insbesondere deshalb wichtig, damit nicht über die Zukunft der Menschen in deren Abwesenheit entschieden wird.[13]

4.2 Die Werke Hararis

In seiner Rolle als Historiker veröffentlichte Harari eine Vielzahl von Artikeln. Diese behandelten aufgrund seines Forschungsschwerpunktes als Geschichtsprofessor zumeist mittelalterliche und militärgeschichtliche Themen.[14] Der Fokus dieses Kapitels liegt jedoch auf Hararis drei makro-geschichtlichen Büchern, die zwischen 2013 und 2018 erschienen. Verallgemeinert gesprochen, betrachtet Harari in „Eine kurze Geschichte der Menschheit“ (2013) die Vergangenheit, in „Homo Deus. Eine Geschichte von Morgen“ (2016) die Zukunft und in „21 Lektionen für das 21. Jahrhundert“ (2018) die Gegenwart der Menschheit.

Wie im vorherigen Kapitel bereits angedeutet, machten diese Werke Harari zu einem Bestsellerautor und zu einem herausragenden Populärwissenschaftler der heutigen Zeit. Sein Buch „Eine kurze Geschichte der Menschheit“, zum Beispiel, wird sogar von Persönlichkeiten wie Bill Gates empfohlen.[15] Auch die nachfolgenden Bücher sind renommiert. Den Preis „Wissensbuch des Jahres“ der Zeitschrift *Bild der Wissenschaft* gewannen sowohl „Homo Deus. Eine Geschichte von Morgen“, im Folgenden nur noch kurz „Homo Deus“ genannt, als auch „21 Lektionen für das 21. Jahrhundert“.[16] „Homo Deus“ wurde zudem mit dem „Deutschen Wirtschaftsbuchpreis“ ausgezeichnet, welcher gemeinsam vom *Handelsblatt*, Goldman Sachs und der Frankfurter Buchmesse vergeben wird.[17]

Hararis Werke erschienen in einer Reihenfolge, welche nicht unbedingt zu erwarten wäre. Wie eingangs erwähnt, betrachtet Harari zuerst die Vergangenheit der Menschheit, anschließend die Zukunft und erst in seinem aktuellen Buch „21 Lektionen für das 21. Jahrhundert“ die

---

13 Harari, *„21 Lektionen für das 21. Jahrhundert“*, 2019. S.11.

14 Hebrew University of Jerusalem – History Department (2019). *Prof. Yuval Noah Harari.*

15 GatesNotes (2016). Gates, B. *How did humans get smart?.*

16 Wissenschaft.de (2019). *Wissensbücher des Jahres.*

17 Handelsblatt (2017). Steingart, G. Yuval Noah Harari – *„Das System ist erstarrt“*.

Gegenwart, in der wir leben. In diesem Kapitel wird jedoch eine andere Reihenfolge gewählt und der Blick chronologisch von der Vergangenheit bis in die Zukunft gelenkt.

4.2.1 Eine kurze Geschichte der Menschheit

Hararis „Eine kurze Geschichte der Menschheit“ trägt im Englischen den Titel „Sapiens: A Brief History of Humankind“. Das vorangestellte „Sapiens“ fehlt im Titel der deutschen Ausgabe, obwohl dies den Inhalt des Buches noch deutlicher hervorheben und zudem den gedanklichen Anschluss seines Nachfolgewerkes „Homo Deus. Eine Geschichte von Morgen“ klarer aufzeigen würde.

Harari beginnt dieses Buch mit der kognitiven Revolution vor 70.000 Jahren und betrachtet die Menschheitsgeschichte von damals bis in die Gegenwart. An vielen Stellen schafft er den Bezug zwischen historischen Entwicklungen oder Ereignissen und unserer heutigen Gesellschaft. Er teilt sein erstes Werk in vier große Abschnitte ein: „Die kognitive Revolution“, „Die landwirtschaftliche Revolution“, „Die Vereinigung der Menschheit“ und „Die wissenschaftliche Revolution“.

Der erste Abschnitt beginnt mit dem Gedanken, dass die prähistorischen Menschen lange Zeit kein auffälliges Tier gewesen seien, diese Gattung heute jedoch Raumfahrt betreiben und Atome spalten könne.[18] Erst mit der Art „Homo Sapiens“ habe es diese Gattung an die Spitze der Nahrungskette geschafft.[19] Insbesondere die Sprachkompetenz, die sich beim Homo Sapiens durch die kognitive Revolution entwickelt habe, stellt Harari heraus. Denn damit verbunden sei die Möglichkeit der fiktiven Sprache. Dies bedeute, dass der Mensch Dinge erfinden und weitergeben könne. Somit seien gemeinsame Vorstellungen möglich, was der Gruppenbildung enorm zuträglich sei.[20] Dies sei die Voraussetzung für Massenkooperation, wie wir sie heute hätten. Ebenso wird der Alltag der Jäger und Sammler charakterisiert und in ein durchaus positives Licht gesetzt. Der Autor kommt zu dem Schluss, dass die damaligen Menschen individuell klüger und geschickter als die heutigen gewesen seien und zudem über eine relativ geringe Arbeitszeit, sowie ein im Durchschnitt langes und gesundes Leben verfügt hätten.[21]

---

18 Harari, „*Eine kurze Geschichte der Menschheit*“, 2015. S. 12.

19 Harari, „*Eine kurze Geschichte der Menschheit*“, 2015. S. 21.

20 Harari, „*Eine kurze Geschichte der Menschheit*“, 2015. S. 36ff.

21 Harari, „*Eine kurze Geschichte der Menschheit*“, 2015. S. 68ff.

Die dadurch aufkommende Vorstellung, dass es sich damals um paradiesische Zustände gehandelt habe, in denen der Mensch im Einklang mit der Natur lebte, wischt Harari aber sogleich beiseite. Er zeigt auf, dass der Mensch schon damals ein „ökologischer Massenmörder" gewesen sei, dessen Handeln gewaltige Auswirkungen auf Flora, Fauna und Klima gehabt habe und nimmt die Illusion, wonach erst die moderne Industrie die Natur zerstört habe.[22]

Im zweiten Abschnitt, der „landwirtschaftlichen Revolution" und ihrer Folgen, geht Harari zunächst auf die Landwirtschaft selbst ein. Er bezeichnet sie als den größten Betrug der Geschichte, da sie zwar der Art Homo Sapiens, nicht aber dem Einzelnen genutzt habe und nutze. In diesem Sinne befördert er die schwierige Beziehung zwischen evolutionärem Erfolg für den Menschen, aber auch für domestizierte Tiere, und individuellem Leid zu Tage.[23] Die veränderte Lebenssituation habe Massenkooperation und, um diese herzustellen, das Einführen einer erfundenen Ordnung notwendig gemacht. Durch diesen Zusammenhang bringt Harari die Intersubjektivität ins Spiel. Diese stelle eine erfundene Ordnung dar, welche dadurch existiere, dass viele Menschen an sie glaubten. Die eigene Ablehnung führe nicht zu deren Nichtexistenz. Dies könne nur durch eine Vielzahl von Menschen, welche deren Existenz ablehnten, geschehen und zudem wiederum nur mithilfe einer neuen Form erfundener Ordnung.[24]

Des Weiteren wird dargelegt, inwiefern die neue Gesellschaftsordnung das Einführen von Schrift-, Zahlen- und Katalogsystemen zur Bewahrung von Wissen erfordert habe.[25]

Darauffolgend, im letzten Teil dieses Abschnitts, geht Harari auf eine weitere Folge der Bildung großer Gesellschaften ein. Mit der Massenkooperation seien Gesellschaften ungerecht und hierarchisch geworden, wodurch sich Menschen von nun an beispielsweise in Kasten oder schlicht in Arm und Reich aufgeteilt hätten. Wie oft in seinen Werken, schlägt Harari an dieser Stelle durch die Aussage „Geschichte ist nicht gerecht" den Bogen zur heutigen Situation der Menschheit.[26]

---

22 Harari, „*Eine kurze Geschichte der Menschheit*", 2015. S. 90ff. S. 98.

23 Harari, „*Eine kurze Geschichte der Menschheit*", 2015. S. 108ff. S. 124.

24 Harari, „*Eine kurze Geschichte der Menschheit*", 2015. S. 132. S. 141. S. 148.

25 Harari, „*Eine kurze Geschichte der Menschheit*", 2015. S. 154ff. S. 163.

26 Harari, „*Eine kurze Geschichte der Menschheit*", 2015. S. 168ff.

Der dritte Abschnitt Hararis ersten Buches trägt den Titel „Die Vereinigung der Menschheit“ und beginnt mit einer Abhandlung über Gemeinsamkeiten und Unterschiede innerhalb der Menschheit. Insbesondere mit dem Begriff der Kultur setzt er sich hierbei auseinander und betont, dass Kulturen nie perfekt, aber immer veränderlich seien. Insgesamt lasse sich, laut Harari, die Tendenz erkennen, dass sich die Menschen eher aufeinander zu bewegten.[27]

Durch diese Beobachtung schlägt er eine Brücke zu einer weiteren, entscheidenden Erfindung der Menschheit: Dem Geld. Nach einem Exkurs in die Geschichte des Geldes und der Wirtschaft beleuchtet Harari den philosophischen Aspekt des Geldes. Er streicht heraus, dass es sich dabei nicht um die „Wurzel allen Übels“, sondern vielmehr um den „Gipfel der menschlichen Toleranz“ handle und erklärt dies in der Folge.[28] Darauf basierend ergründet Harari die Eigenschaften von Imperien und knüpft dabei wieder an den Kulturbegriff an.[29] Indem Harari mit dem „Gesetz der Religion“ die Entwicklung ebendieser und deren mögliche Formen erklärt, möchte er dem Leser vermitteln, dass die Religion neben Geld und der imperialen Kraft die dritte Ordnung sei, welche zur Einigung der Menschheit beigetragen habe, bzw. noch heute beitrage. Auch den Humanismus ordnet er unter den Religionen ein und knüpft damit einmal mehr an der heutigen Zeit an.[30] Zum Abschluss dieses Abschnitts zieht Harari ein Fazit zur Geschichte der Menschheit im Allgemeinen und betont, dass sich Geschichte einerseits nur im Rückblick erklären lasse und sich andererseits nicht zum Nutzen des Menschen entwickle. Deterministische Theorien seien mit Vorsicht zu genießen, da die Zufallskomponente die alles Entscheidende sei.[31]

Im vierten und abschließenden Abschnitt von „Eine kurze Geschichte der Menschheit“ stehen die „wissenschaftliche Revolution“ und die damit verbundenen Auswirkungen im Fokus. Harari beginnt mit einer Abgrenzung der modernen von der traditionellen Wissenschaft. Sei früher der Fokus von Bildung und Wissenschaft auf der Bewahrung des Wissens und einer Ignoranz des Unbekannten gelegen, stünden heute die Beobachtung, die Mathematik, der Erwerb neuer Fähigkeiten und das Eingeständnis der Unwissenheit im Mittelpunkt. Vor allem letzteres

27 Harari, „*Eine kurze Geschichte der Menschheit*“, 2015. S. 201. S. 208f. S. 211.

28 Harari, „*Eine kurze Geschichte der Menschheit*“, 2015. S. 213ff. S. 221f. S. 228ff.

29 Harari, „*Eine kurze Geschichte der Menschheit*“, 2015. S. 233f. S. 238. S. 243f.

30 Harari, „*Eine kurze Geschichte der Menschheit*“, 2015. S. 254ff. S. 280ff.

31 Harari, „*Eine kurze Geschichte der Menschheit*“, 2015. S. 289. S. 291f. S. 295.

macht er als den Motor der Forschung aus. Daraufhin wird betont, dass durch die Wissenschaft alle, früher als unlösbar betrachteten Probleme überwindbar schienen und der Mensch seither „fortschrittsgläubig" sei.[32] Im Folgenden legt Harari das Augenmerk auf die Verflechtung von Wissenschaft mit kapitalistischer Wirtschaft und Imperialismus. Forschung allein der neuen Erkenntnis wegen habe Finanzierungsprobleme, wodurch eine klare Trennung zwischen wissenschaftlicher Erkundung und militärischer Expedition ebenso schwer sein könne, wie eine Unterscheidung zwischen zivilen und militärischen Technologien.[33] Die wissenschaftliche Revolution habe zudem in den Köpfen der Menschen einen Fortschrittsgedanken gesät. Dadurch sei anstatt der Erwartung von Stillstand oder Niedergang ein Vertrauen in die Zukunft zustande gekommen. Durch diese neue Denkweise habe sich der Kapitalismus mit seinem Glauben an Kreditwesen und Wirtschaftswachstum entwickeln können. Dabei wirft Harari eine entscheidende Frage auf: Ist Geld das Ziel oder das Mittel wissenschaftlicher Forschung?[34]

Auf diesen Aspekten der wissenschaftlichen Revolution aufbauend, beleuchtet Harari im nächsten Schritt die industrielle Revolution, die er eine „Revolution der Energieumwandlung" nennt. Nach einigen allgemeinen Erklärungen und dem Aufzeigen der neu geschaffenen Möglichkeiten, geht er auch auf die Schattenseiten dieser Entwicklung ein. Dieses Feld steckt er breit ab – von der Massentierhaltung bis hin zum Übergewicht.[35] Unter dem Begriff einer „permanenten Revolution" werden im Anschluss vor allem gesellschaftliche Veränderungen zusammengefasst. Zum einen wird der Verlust des Systems der kleinen Gemeinschaft und der Familie als soziales Netz, an deren Stelle Staat und Markt getreten seien, angeführt und die damit verbundenen sozialen Veränderungen erörtert. Zum anderen wird betont, wie sehr die neue gesellschaftliche Ordnung zum heutigen Frieden beigetragen habe und wie groß dieser Frieden, vor allem im Vergleich zu früheren Epochen und trotz aller Präsenz von Krieg und Gewalt in den Medien, tatsächlich sei.[36]

---

32 Harari, „*Eine kurze Geschichte der Menschheit*", 2015. S. 304ff. S. 310. S. 323. S. 330.

33 Harari, „*Eine kurze Geschichte der Menschheit*", 2015. S. 332ff. S. 340ff.

34 Harari, „*Eine kurze Geschichte der Menschheit*", 2015. S. 374. S. 378f.

35 Harari, „*Eine kurze Geschichte der Menschheit*", 2015. S. 408ff. S. 414. S. 420. S. 425.

36 Harari, „*Eine kurze Geschichte der Menschheit*", 2015. S. 428. S. 434. S. 438. S. 447. S. 454ff.

Anknüpfend an diese Thematik begibt sich Harari auf die Suche nach dem Glück. Er stellt fest, dass es zwischen Fortschritt und Glück keinen direkten Zusammenhang gebe und sich Historiker nur selten mit dem Glücksempfinden der Menschen beschäftigten. Daraufhin hinterfragt er den Charakter des Glücks und betrachtet es dazu aus soziologischer, biologischer und religiöser Perspektive. Dadurch kommt er zu dem Schluss, dass mehr Forschung auf dem Gebiet des Glücks angebracht sei.[37] Zum Abschluss seines Buches lässt der Autor die Vergangenheit hinter sich und gibt einen Ausblick darauf, welche Entwicklungsmöglichkeiten für die Zukunft die aktuelle Gegenwart biete. Er reißt dabei insbesondere die Entwicklungen in der Biotechnologie und bei der Künstlichen Intelligenz, im Folgenden kurz KI genannt, an und gibt dem Leser damit einen Ausblick auf seine nachfolgenden Werke.[38]

Zusammengefasst lässt sich festhalten, dass Harari den Verlauf der Menschheitsgeschichte anhand dreier großer Revolutionen festmacht. Die letzte dieser drei, die wissenschaftliche Revolution, habe dazu geführt, dass weitere Revolutionen und Veränderungen seitdem in einem immer schnelleren Takt stattfänden. Harari wählte diese Abschnitte und die darunter behandelten Themen bewusst so aus. Denn er möchte dem Leser nicht nur ein allgemeines historisches Verständnis und Wissen über die Menschheit, sondern durch die Wahl der Themen und Schwerpunkte auch seinen persönlichen Blickwinkel und Fokus vermitteln. Zusammen mit dem Abschnitt über die Vereinigung der Menschheit, welcher aus der Aufteilung nach Revolutionen heraussticht, wird versucht, dem Leser eine Art Ausgangsplattform zu bieten. Durch das Verständnis vom geschichtlichen Verlauf, vor allem aber durch den Einblick, wie Harari die Vergangenheit sieht, kann der Leser die Gegenwart und die Zukunft, wie sie in seinen beiden folgenden Büchern beschrieben werden, besser verstehen.

4.2.2 21 Lektionen für das 21. Jahrhundert

Wie bereits der Name des Buches vermuten lässt, teilt sich Hararis Werk, das nach eigener Aussage die Gegenwart behandelt, in 21 Kapitel auf.[39] Auch dieses Buch unterteilt er in übergeordnete Abschnitte.

---

37 Harari, „*Eine kurze Geschichte der Menschheit*", 2015. S. 458ff. S. 463. S. 466. S. 473ff. S. 480ff.

38 Harari, „*Eine kurze Geschichte der Menschheit*", 2015. S. 487ff. S. 498f.

39 Harari, „*21 Lektionen für das 21. Jahrhundert*", 2019. S. 12.

Diese, fünf an der Zahl, tragen die Titel „Die technische Herausforderung“, „Die politische Herausforderung“, „Verzweiflung und Hoffnung“, „Wahrheit“ und „Resilienz“.

Den ersten Teilbereich seines Buches beginnt Harari mit einer Beschreibung der Desillusionierung der liberalen Erzählung. Zwar seien im Laufe des letzten Jahrhunderts die faschistische und die kommunistische Strömung versiegt, dennoch sieht der Autor den Liberalismus nicht als endgültigen Sieger. So hätten beispielsweise Protektionisten aus Großbritannien und den USA, aber auch der bevorstehende ökologische Kollaps und neue technologische Entwicklungen dessen Grenzen aufgezeigt. Er postuliert daher eine neue Erzählung, welche den Status quo der Welt besser einbinden könne und gegebenenfalls auf dem Liberalismus aufbaue.[40]

Daran anknüpfend führt Harari die Entwicklungen auf dem Arbeitsmarkt aus. Er beschreibt zunächst die Möglichkeiten und Chancen von KI und maschinellem Lernen, sowie die Charakteristik heutiger und zukünftiger Berufe. Daraufhin werden der damit verbundene Wandel zu einer Post-Arbeitsgesellschaft und Lösungsmöglichkeiten hierfür betrachtet.[41]

Anschließend knüpft Harari wieder an den zu Beginn behandelten Gedanken zur liberalen Gesellschaft an. Er warnt davor, dass der freie Wille des Menschen auf die Algorithmen übergehen könne und beleuchtet die Folgen dieser Möglichkeit.[42]

Abgeschlossen wird der erste Abschnitt mit Gedanken zur Gleichheit der Menschen. Es werden die Entwicklung sozialer Schichten und in diesem Zusammenhang auch der heutige und zukünftige Wert von Daten angerissen.[43]

Der zweite Abschnitt von „21 Lektionen für das 21. Jahrhundert“, die „politische Herausforderung“, behandelt zunächst die Rolle von Facebook in der heutigen Zeit. Neben allgemeiner Kritik bezüglich des Datenschutzes und der Privatsphäre der Nutzer werden vor allem die Chancen betrachtet, welche ein soziales Netzwerk im Hinblick auf die Bildung von Gemeinschaften und die Verschmelzung von Online- und Offline-Welt mit sich bringe.[44]

---

40 Harari, „*21 Lektionen für das 21. Jahrhundert*“, 2019. S. 25f. S. 28. S. 31f. S. 46f.

41 Harari, „*21 Lektionen für das 21. Jahrhundert*“, 2019. S. 49ff. S. 64ff. S. 74ff.

42 Harari, „*21 Lektionen für das 21. Jahrhundert*“, 2019. S. 87. S. 91f. S. 110ff.

43 Harari, „*21 Lektionen für das 21. Jahrhundert*“, 2019. S. 130ff. S. 136ff.

44 Harari, „*21 Lektionen für das 21. Jahrhundert*“, 2019. S. 147. S. 150ff.

Folgend darauf beschäftigt sich Harari mit dem Begriff der Zivilisation. Er versucht, alte wie neu aufkommende Gedanken zu einem Aufeinanderprallen der Zivilisationen und den Kulturalismus zu entkräften, indem er der Zivilisation ihre DNA abspricht und sie stattdessen als das definiert, was ihre Mitglieder daraus machten. Er bekräftigt seine Sichtweise durch die großen Gemeinsamkeiten, die heutzutage allen Zivilisationen der Welt zu eigen seien – seien es der Glaube an den Dollar oder die Teilnahme an den olympischen Spielen.[45]

Aufgrund des Aufkeimens neuer Tendenzen der Isolation und Abschottung widmet Harari auch dem Nationalismus seine Aufmerksamkeit. Zwar gesteht er dem Patriotismus auch durchaus positive Auswirkungen zu, doch bemerkt er ebenso, dass die heutigen Probleme größtenteils einen globalen Charakter hätten und deshalb auch nach globalen Antworten verlangten. Dadurch, dass sich Ökologie, Ökonomie und Wissenschaft nur global steuern ließen, wird eine Globalisierung der politischen Ebene gefordert.[46] Genau wie der Nationalismus, bemerkt Harari, hätten auch Religionen das Potenzial, die Menschheit zu spalten und einer globalen Perspektive im Weg zu stehen. Trotz ihrer identitätsstiftenden Wirkung, die Massenkooperation oftmals erst möglich mache, fänden die Religionen auf die heutigen durch die Technologie aufkommenden Fragen keine zufriedenstellenden Antworten. Für den Autor ist aber noch unklar, ob dies nur dazu führe, dass die klassischen Weltreligionen weiter an Boden verlören, oder sie aber auch in Zukunft noch eine Vereinigung der Menschheit verhindern würden.[47] Dem Abschluss dieses Buchabschnitts lässt Harari den erweiterten Titel „Manche Kulturen sind womöglich besser als andere“ voranstehen. Dies ist der Ausgangspunkt für Betrachtungen zur Migrationsfrage, sowie zum Kulturalismus, welcher in diesem Zuge auch dem Rassismus gegenübergestellt wird.[48]

Dem dritten Abschnitt seines Buches gibt Harari den Titel „Verzweiflung und Hoffnung“. Den Anfang macht das Thema des Terrorismus. Es werden dessen materielle Schwäche und theatralischer Charakter analysiert und Möglichkeiten der Terrorbekämpfung diskutiert.[49] Eine

45 Harari, „*21 Lektionen für das 21. Jahrhundert*“, 2019. S. 157ff. S. 161ff. S. 170ff. S. 179.

46 Harari, „*21 Lektionen für das 21. Jahrhundert*“, 2019. S. 182. S. 185. S. 205f.

47 Harari, „*21 Lektionen für das 21. Jahrhundert*“, 2019. S. 210. S. 216. S. 223.

48 Harari, „*21 Lektionen für das 21. Jahrhundert*“, 2019. S. 225. S. 226ff. S. 244ff.

49 Harari, „*21 Lektionen für das 21. Jahrhundert*“, 2019. S. 253ff. S. 263ff.

ähnlich beschwichtigende Haltung nimmt der Autor auch bei der darauffolgenden Betrachtung der Rolle des Krieges in der heutigen Welt ein. Zwar wird ein neuer Trend zur Aufrüstung aufgezeigt, aber gleichzeitig betont, dass die vergangenen Jahrzehnte die friedlichste Epoche in der Menschheitsgeschichte gewesen seien. Am Beispiel Russlands wird die klassische Kriegsführung in der heutigen Zeit behandelt, was zu dem Schluss führt, dass diese Form von Kriegen heute vor allem ökonomisch nicht mehr sinnvoll sei und der Komplexität der heutigen Welt nicht mehr gewachsen.[50] Bemerkenswert in diesem Zusammenhang ist, dass diese Passage nicht in allen Übersetzungen von Hararis Buch so zu lesen ist. Damit sein Buch auch in Russland erscheinen konnte, wurden Kreml-kritische Stellen in der russischen Ausgabe abgeändert oder weggelassen. Er unterwarf sich für eine dortige Veröffentlichung seines Werkes also bewusst der von ihm angeprangerten russischen Zensur.[51]

Auf den Krieg folgt in diesem Abschnitt die Demut, welche Harari von allen Kulturen einfordert und am eigenen jüdischen Exempel erklärt. Er kritisiert, dass sich viele Kulturen als den Nabel der Welt betrachteten und möchte menschlichen Errungenschaften den Charakter ihres Ursprungs nehmen.[52] Harari fährt fort, indem er einen Unterschied zwischen Gott und Moral aufzeigt und zu einer Behandlung des Säkularismus übergeht.[53] Dabei nimmt er dem Wort seine Konnotation als Negation von Religion. Vielmehr besetzt er dieses Wort mit dessen Eigendefinition als positive Weltsicht mit umfassenden Werten und einer Offenheit für neue Erkenntnis. Gleichzeitig merkt er an, dass seine überaus positive Beschreibung des Säkularismus für dessen Idealform und nicht zwangsweise für dessen Umsetzung in der Realität gelte.[54]

Im vierten Teil seines Buches, das sich mit der Gegenwart auseinandersetzt, begibt sich Harari auf die Suche nach der „Wahrheit“. Diese beginnt mit einer Erkenntnis des Nichtwissens. Auf der einen Seite erkennt er eine komplexe Welt, deren Mechanismen schon heute niemand mehr zur Gänze verstehe und die im Laufe dieses Jahrhunderts noch komplizierter würden. Auf der anderen Seite sieht er Gruppendenken und eine Illusion von Wissen, was beides das individuelle Nichtwissen

50 Harari, *„21 Lektionen für das 21. Jahrhundert“*, 2019. S. 270f. S. 274ff. S. 282f.

51 Spiegel Kultur (2019). *Bestsellerautor duldet Zensur seines Buches in Russland.*

52 Harari, *„21 Lektionen für das 21. Jahrhundert“*, 2019. S. 285ff. S. 305.

53 Harari, *„21 Lektionen für das 21. Jahrhundert“*, 2019. S. 309. S. 313.

54 Harari, *„21 Lektionen für das 21. Jahrhundert“*, 2019. S. 318ff. S. 321ff.

noch verstärke, obwohl dieses selbst immer schwerer zu erkennen werde.[55] Die komplexen globalen Strukturen und Verflechtungen im heutigen Zeitalter werden auch im Hinblick auf die Gerechtigkeit und den menschlichen Sinn für diese betrachtet. Dieser verfüge nämlich über Wurzeln, welche in der Evolution lägen, und funktioniere somit in einer Welt, in der die Zusammenhänge von Ursache und Wirkung nicht mehr, oder nicht mehr eindeutig erkennbar seien, nur noch eingeschränkt.[56] Des Weiteren wird unter diesem Abschnitt die Aufmerksamkeit auf die postfaktische Note gelegt, die dem aktuellen Zeitalter zugeschrieben werde. Harari beruhigt den Leser dadurch, dass er die lange Tradition von Fake News erörtert und diese in Zusammenhang mit Religion, Werbung und klassischer Propaganda bringt. Obwohl das Postfaktische nichts Neues sei, erkennt er darin ein ernsthaftes Problem und ruft die Leser zur Suche nach der Wahrheit auf.[57]

Einen weiteren Meilenstein auf ebendieser Suche findet er in der Science-Fiction. Er sieht darin ein herausragendes Medium, um wissenschaftliche Erkenntnis, aber auch um technologische und gesellschaftliche Entwicklungen einer breiten Masse zugänglich zu machen. Daher fordert er von den Machern dieser Kunstform ein höheres Maß an Verantwortung ein und beschäftigt sich daraufhin mit einigen Beispielen.[58]

Der finale Abschnitt von Hararis aktuellstem Buch nennt sich „Resilienz" und behandelt darin Themen, die zu dieser beitragen können. Ein Schlüsselelement, um die heutige Situation zu meistern, liege demnach in der Bildung. Er erklärt das heutige Bildungssystem jedoch für bankrott und sieht die klassische Aufteilung des Lebens in eine Phase des Lernens und eine Phase der Arbeit als obsolet. Einer Ausbildung in optimaler Art und Weise nahezukommen, sei jedoch schwer, da diese immer auf die Zukunft ausgerichtet sei und man die Anforderung der nächsten Jahrzehnte so schwer vorhersagen könne wie noch nie. Harari kommt zu dem Schluss, dass der Schlüssel einer guten Ausbildung im Vermitteln universeller Fähigkeiten und Fertigkeiten, wie dem kritischen Denken, der Kommunikation und der Kreativität liegen könnte.[59]

55 Harari, „*21 Lektionen für das 21. Jahrhundert*", 2019. S. 337. S. 339ff.

56 Harari, „*21 Lektionen für das 21. Jahrhundert*", 2019. S. 346ff. S. 352.

57 Harari, „*21 Lektionen für das 21. Jahrhundert*", 2019. S. 360ff. S. 376ff.

58 Harari, „*21 Lektionen für das 21. Jahrhundert*", 2019. S. 378ff.

59 Harari, „*21 Lektionen für das 21. Jahrhundert*", 2019. S. 397. S. 402. S. 404f. S. 408.

Das Ende seines Buches bereitet Harari vor, indem er sich mit der Frage nach dem Sinn des Lebens beschäftigt. Eine Frage dieses Ausmaßes lasse sich aber nicht annähernd beantworten. Daher begnügt er sich nach historischen und philosophischen Streifzügen, die mit der Frage nach dem Lebenssinn in Zusammenhang stehen, damit, dem Leser eine Botschaft mit auf den Weg zu geben. Die Antwort auf den Sinn des Lebens sei auf keinen Fall eine Erzählung, weder eine deterministische, noch eine zyklische oder lineare.[60] Durch dieses Abtauchen in die Tiefen der Philosophie leitet der Autor das Ende seines Werkes ein, in welchem er dem Leser noch einen Einblick in die für ihn so wichtige Meditation geben will. Unter anderem dabei wird deutlich, dass es sich bei diesem Buch um Hararis bislang persönlichstes Werk handelt. Die Vapissana-Meditation und das damit verbundene Erlernen des Bewusstseins nehme einen zentralen Stellenwert im Leben des Autors ein. Diese Meditationsform ermögliche ihm zwar nicht die Beantwortung der Frage des Lebens nach dem Tod, aber helfe ihm bei der Lösung des für ihn noch spannenderen Rätsels: „Was geschieht, bevor wir sterben?“ Harari nutzt somit dieses abschließende Kapitel als Aufruf, den eigenen Geist zu erforschen.[61]

Um „21 Lektionen für das 21. Jahrhundert“ noch enger zusammenzufassen, lässt sich Folgendes festhalten: Der Autor sieht die aktuelle Welt als eine Struktur, welche in vielen Bereichen an einem Scheideweg steht. Er macht Tendenzen fest, durch welche sich die Welt in die eine, aber auch in die andere Richtung entwickeln könne. Abgerundet wird dies durch wiederkehrende Appelle an den Leser.

4.2.3 Homo Deus. Eine Geschichte von Morgen

Auch wenn das zuvor behandelte Buch „21 Lektionen für das 21. Jahrhundert“ erst nach Hararis „Homo Deus“ erschien, trägt dessen im vorigen Unterkapitel dieser Arbeit dargelegter Inhalt zum Verständnis des nun wiedergegebenen Kerns bei. Noch besser gelingt dieser Einblick durch die zuvor ebenfalls vermittelte Kenntnis von „Eine kurze Geschichte der Menschheit“. Der Aufbau von „Homo Deus“ ist ähnlich wie der seiner beiden anderen Bücher. In diesem Fall teilen sich elf Kapitel auf eine Einleitung und drei übergeordnete Abschnitte auf.

60 Harari, *„21 Lektionen für das 21. Jahrhundert“*, 2019. S. 415. S. 422. S. 471.

61 Harari, *„21 Lektionen für das 21. Jahrhundert“*, 2019. S. 474f. S. 482ff.

Sein Buch über die Zukunft leitet Harari mit einem Blick auf die Gegenwart ein. Zunächst benennt er die drei historisch größten Probleme, vor denen die Menschheit gestanden habe: Hunger, Krankheit und Krieg. Diese sieht er für die heutige Zeit grundsätzlich gelöst. Die Menschheit habe es geschafft, natürliche Hungersnöte durch technologische, ökonomische und politische Entwicklungen einzudämmen. Übrig geblieben seien lediglich jene mit politischer Ursache.[62] Auch liege, seiner Ansicht nach, der zweite große Feind der Menschheit am Boden. Denn Seuchen, ansteckende Krankheiten und Kindersterblichkeit seien in allen Bereichen der Welt, vor allem aber in den Industrieländern, durch Impfungen, Antibiotika und eine Verbesserung der allgemeinen Hygiene, sowie der medizinischen Infrastruktur, drastisch eingedämmt worden.[63] An dieser Stelle sei bemerkt, dass „Homo Deus" mehrere Jahre vor der COVID-19-Pandemie, welche seit Dezember 2019 herrscht, erschien. Harari sieht diese als Ereignis, welches den Alltag vieler Menschen nachhaltig beeinflussen und auch auf institutioneller Ebene zu dramatischen Veränderungen führen könnte. Gleichwohl betont er, dass diese Krise seine These zum Sieg über die Krankheiten nicht widerlege. Vielmehr sieht er sich dadurch, dass ein Impfstoff gegen das Virus nur als eine Frage der Zeit erscheine, bestätigt. Gleichzeitig bekräftigt er, dass das Virus weder für die menschliche Art in ihrer Gesamtheit, noch für die meisten Individuen eine tödliche Bedrohung darstelle.[64] [65]

Wie im entsprechenden Abschnitt in „21 Lektionen für das 21. Jahrhundert" nimmt Harari auch an dieser Stelle dem Krieg seine Bedrohlichkeit für die Gegenwart und die Zukunft. Nicht nur auf die sinkende Zahl von Kriegen und den damit verbundenen Rückgang von Kriegstoten stützt er seine These. Er erkennt auch, dass Kriege, wie sie uns bekannt seien, eher in materialbasierten denn in wissensbasierten Ökonomien geführt würden und sich die Welt insgesamt auf letztere zubewege. Er führt darüber hinaus aus, dass der heutige Frieden in den weitesten Teilen der Welt nicht nur durch die Abwesenheit, sondern vielmehr durch die Unwahrscheinlichkeit von Krieg gekennzeichnet sei.[66]

62 Harari, „*Homo Deus*", 2017. S. 9f. S. 13.

63 Harari, „*Homo Deus*", 2017. S. 15. S. 21.

64 Financial Times (2020). Harari, Y. N. *The world after coronavirus.*

65 Süddeutsche Zeitung (2020). Schmitz, T. & Harari, Y. N. „*Nicht das Virus ist die größte Gefahr, sondern wir Menschen*".

66 Harari, „*Homo Deus*", 2017. S. 26ff.

Demnach seien, der Einschätzung des Autors nach, die bis dato dringendsten Probleme der Menschheit, wenn auch nicht vollständig gelöst, doch eingedämmt und weitestgehend kontrollierbar. Daher sieht er die Menschheit vor neuen Herausforderungen und Zielen. Der klassische Überlebenskampf der Zukunft werde sich auf Bereiche, wie den Schutz des Planeten vor dem Menschen selbst, beschränken. Daher könne der Mensch mit fast vollem Fokus nach Unsterblichkeit, Glück und Macht streben und damit den Homo Sapiens zum Homo Deus erheben.[67]

Überspitzt bemerkt Harari, dass der Tod gegen das Menschenrecht auf Leben verstoße und damit absolut bekämpft werden müsse. Nachdem die Medizin bislang nur früheres Sterben verhindert hätte, stünden der Menschheit schon im 21. Jahrhundert mit Gentechnik, Nanotechnologie und regenerativer Medizin Möglichkeiten offen, Leben erstmals sogar zu verlängern. Bei allen Entwicklungen dürfe man jedoch Amortalität nicht mit echter Unsterblichkeit verwechseln und müsse negative Folgen, wie möglicherweise verstärkte Ängstlichkeit, die diese mit sich bringen könnte, im Hinterkopf behalten.[68]

Die historische Bedeutung des Glücks für den Menschen wird anhand von Philosophen wie Jeremy Bentham und Epikur, aber auch anhand der amerikanischen Unabhängigkeitserklärung herausgestellt. Eine direkte Beziehung zwischen Fortschritt und Glück wird aber beispielsweise durch eine höhere Selbstmordrate in der entwickelten Welt widerlegt und damit verdeutlicht, dass der Weg zum Glück in Wahrheit komplizierter sei. Durch eine Reduzierung des Glücks auf die Biochemie erschienen plötzlich mehrere solcher Wege denkbar und daher wird speziell eine Manipulation dieser biochemischen Reaktionen im Gehirn durch Drogen und Medikamente ins Spiel gebracht.[69]

Sowohl das Streben nach Unsterblichkeit, als auch das nach Glück würden mit einem enormen Machtzuwachs einhergehen, den der Mensch über seinen Körper erlange. Die Möglichkeiten, welche hierzu entwickelt würden, setzten Möglichkeiten frei, welche das Wesen des Menschen von gottähnlich zu göttlich verändern würden. Es könnten nicht nur Fehler im menschlichen Design ausgebessert werden, sondern dieses frei nach Wunsch verbessert oder sogar komplett neugestaltet werden. Dieses Upgrade könnte entweder durch die Biotechnologie,

67 Harari, „*Homo Deus*“, 2017. S. 33f.

68 Harari, „*Homo Deus*“, 2017. S. 35. S. 39f. S. 43.

69 Harari, „*Homo Deus*“, 2017. S. 46. S. 48. S. 50f. S. 58ff.

durch Cyborg-Technologie, oder durch die Erzeugung nicht-organischer Lebewesen geschehen. Dem Streben nach absoluter Macht wären somit kaum mehr Grenzen gesetzt.[70]

In der Folge versucht Harari, die beängstigende Wirkung der von ihm entworfenen Vision des Homo Deus zu relativieren. Das Mittel hierzu ist, der Prophezeiung ihre Unmittelbarkeit und Omnipräsenz zu nehmen. Zum einen betont er, dass die von ihm gezeichnete Verwandlung des Homo Sapiens ein „allmählicher historischer Prozess" sein werde. Zum anderen gibt er zu bedenken, dass die allermeisten Menschen bei den beschriebenen Entwicklungen nur eine untergeordnete Rolle spielen würden. Wie schon immer in der Menschheitsgeschichte, sieht er auch in der Zukunft die Pläne der Elite und der Masse nicht kongruent.[71]

Nach dieser ausführlichen Einleitung mit Erklärungen zu seiner Idee des Homo Deus, betrachtet Harari im ersten Hauptabschnitt seines Buches die Eroberung der Welt durch den Homo Sapiens. Dem ersten Teil dieses Abschnitts gibt er deshalb den Titel „Anthropozän". Den menschlichen Einfluss auf die Erde und ihre Geschöpfe zeigt er dabei anhand der Lebensverhältnisse domestizierter Nutztiere auf. Seien die Tiere zu Zeiten der Jäger und Sammler den Menschen noch als wesensgleich angesehen worden, hätte sich diese Ansicht mit dem Aufkommen der Landwirtschaft und der theistischen Religionen geändert. Zwar seien deren Überleben und Fortpflanzung gesichert, alle weiteren, vor allem aber die emotionalen Bedürfnisse, würden vernachlässigt und somit die Emotionen, Instinkte und Triebe dieser Tiere ignoriert. Harari kommt anhand dieses Exempels zu dem Schluss, dass dem Menschen durch seine Entwicklung und insbesondere durch die Wissenschaft eine große Macht zu Teil geworden sei, diese aber per se nicht mit Verpflichtungen einhergehe.[72]

Darauffolgend wird erörtert, worauf diese Macht fußt. Diese Überlegung bezieht sich zunächst auf etwas, das als „der menschliche Funke" bezeichnet wird. So könnte die Heiligkeit menschlichen Lebens und damit die Rechtfertigung zur absoluten Macht ohne Verpflichtung in der Einzigartigkeit der menschlichen Seele liegen. Der Seelenbegriff wird jedoch kritisch hinterfragt und Abgrenzungen zu Geist und Bewusstsein getroffen. Schließlich wird auch letzterer Begriff, wie zuvor schon

70 Harari, „*Homo Deus*", 2017. S. 64ff.
71 Harari, „*Homo Deus*", 2017. S. 72. S. 81.
72 Harari, „*Homo Deus*", 2017. S. 108. S. 111f. S. 116f. S. 129. S. 136.

das Glück, auf die menschliche Biochemie reduziert. Da diese der tierischen recht ähnlich sei, wird geschlossen, dass der Ursprung menschlicher Macht ein anderer sei. Denn diesen sieht Harari vielmehr in der menschengeschaffenen Intersubjektivität und der damit ermöglichten Massenkooperation. Dem „menschlichen Funken" nimmt er also seine Heiligkeit und reduziert ihn weitgehend auf Organisation.[73]

Den zweiten Hauptabschnitt von „Homo Deus", welcher „Homo Sapiens gibt der Welt einen Sinn" betitelt ist, widmet der Autor der menschlichen Suche nach dem Sinn. Dabei knüpft er an der zuvor ins Spiel gebrachten Intersubjektivität an und beleuchtet den Menschen in seiner Rolle als „Geschichtenerzähler". Diese sei insbesondere durch die Erfindung von Schrift und Geld gestärkt worden, wodurch das geschaffene Geflecht immer stärker geworden sei. Vornehmlich das Geld und die heiligen Schriften hätten das menschliche Handeln beispiellos geprägt und die eigentlich entscheidende Differenzierung von Fiktion und Wirklichkeit enorm erschwert.[74]

Aufbauend auf der fiktiven Realität, welche der Mensch geschaffen habe, behandelt Harari die Wissenschaft und damit die Frage, ob nicht ebendiese den Fluss der Fiktion versiegen ließe. Bezüglich der Religion stellt er fest, dass diese nicht mit Spiritualität und Gottglauben gleichzusetzen sei, sondern jede Form allumfassender Geschichte einnehmen könne, die menschliche Gesetze, Werte und Normen legitimiere. Somit stünde die Religion der Wissenschaft nicht feindlich gegenüber, sondern ergänze sie. Denn die Wissenschaft selbst trage nur zur Tatsachenbehauptung bei, wohingegen die Religion auch ein moralisches Urteil und eine Kombination dessen mit den wissenschaftlichen Fakten liefere. Insbesondere den Humanismus bezeichnet er dabei als Übereinkunft zwischen den beiden vermeintlichen Gegenspielern. Daher nennt er Religion und Wissenschaft ein „seltsames Paar".[75]

Im Folgenden wird ergründet, worin die Übereinkunft der heutigen Zeit bestünde. Diese könne bei all den Variablen, die heutzutage zu berücksichtigen wären, eine äußerst komplizierte sein. Harari jedoch simplifiziert dies, indem er die heutige Vereinbarung als einen Machtgewinn, der mit einem Verlust des Sinns einhergehe, ausmacht. Diese Macht manifestiere sich im Wirtschaftswachstum, welches durch drei

73 Harari, „*Homo Deus*", 2017. S. 141f. S. 144ff. S. 148. S. 162f. S. 170. S. 183. S. 191. S. 207.

74 Harari, „*Homo Deus*", 2017. S. 214ff. S. 227. S. 243.

75 Harari, „*Homo Deus*", 2017. S. 245. S. 248 S. 258. S. 261. S. 272.

Ressourcen getrieben werde. Die ersten beiden, Rohstoffe und Energie, seien dabei im Prinzip endlich. Durch die unendliche Ressource des Wissens aber sei das Wachstum der Wirtschaft nach oben hin nicht begrenzt. Der Einsatz von Rohstoffen und Energie führe jedoch zur ökologischen Ausbeutung und daher in Richtung einer ökologischen Apokalypse. Die Crux daran sei zugleich, dass diese nicht alle menschlichen Schichten in der gleichen Härte und vor allem zukünftige Generationen stärker als die heutige treffen werde. Selbst bei einer Lösung dieser Frage, die heute am drängendsten, am entscheidendsten und am schwierigsten zu lösen scheine, ginge das Wirtschaftswachstum noch immer mit einer Einschränkung persönlicher Freiheit im Gewand von Stress und Zwängen für den Einzelnen einher.[76]

Diesen Abschnitt schließt Harari, indem er den Sinn des Lebens erneut aufgreift und ihn nicht als Partner der menschlichen Macht, sondern verwurzelt im Humanismus, sucht. Den entscheidenden Punkt sieht er dabei in der Tatsache, dass diese Strömung die Welt zwar per se als sinnlos betrachte, ihr aber einen Sinn gebe. Dieser Sinn bestehe in den menschlichen Erfahrungen und Gefühlen und dieser beider Wert. Zunächst werden der Humanismus im Allgemeinen und auch die Weise beschrieben, in der sich seine Charakteristik in Bezug auf Kunst, Ökonomie und Bildung äußere. Darauf aufbauend schweift der Blick vom Humanismus als Ganzem auf die verschiedenen Strömungen innerhalb dessen. Wie auch zu Beginn von „21 Lektionen für das 21. Jahrhundert" untersucht der Autor die Unterschiede zwischen liberalem, evolutionärem und sozialistischem Humanismus. Beschlossen wird der Abschnitt mit folgendem Gedanken: Obwohl es so aussehe, als ob der Liberalismus den Sieg davongetragen habe, könne sein Erfolg auch den Keim für seinen Untergang enthalten.[77]

Der dritte und letzte große Abschnitt von Hararis Werk über die Zukunft trägt den Titel „Homo Sapiens verliert die Kontrolle". Darin wird gleich zu Beginn am Fundament des Liberalismus gerüttelt. Denn Harari spricht dem Menschen seinen freien Willen ab. Entscheidend sei es, zu erkennen, dass der Mensch zwar seiner Wünsche entsprechend handeln könne, jedoch in einem ersten Schritt keinen Einfluss auf die Entstehung dieser Wünsche habe. Dies werde durch biochemische Prozesse gesteuert, welche zwar deterministisch oder zufällig sein, nicht aber durch das „Ich" gelenkt werden könnten. Daran knüpft der Autor

76 Harari, „*Homo Deus*", 2017. S. 273ff. S. 290. S. 292f. S. 295. S. 297.

77 Harari, „*Homo Deus*", 2017. S. 301f. S. 313f. S. 317. S. 336ff. S. 374.

an und legt sein Augenmerk auf dieses „Ich". Er bemerkt, dass es nach biowissenschaftlichen Erkenntnissen nicht ein einzelnes „Ich" gebe, sondern mehrere teils konkurrierende solcher Instanzen. Diese Erkenntnisse werden als entscheidend und problematisch bezüglich der Frage nach dem Sinn, aber auch bezüglich der Rechtfertigung des Liberalismus gesehen.[78]

Dem Liberalismus stünden, wie Harari bemerkt, aber auch noch weitere, deutlich praktischere Entwicklungen entgegen. Die Menschheit werde sich in eine große und wirtschaftlich, wie militärisch nutzlose Masse, sowie eine kleine Elite aus Übermenschen aufteilen. Die wirtschaftliche Bedeutungslosigkeit, welche der Vielzahl der Menschen in der Zukunft zuteil werden würde, habe ihre Wurzeln in der Entwicklung von Algorithmen. Diese könnten den Großteil der menschlichen Berufe und damit einhergehend auch den Großteil der Menschen für die Gesellschaft überflüssig machen. Die meisten kognitiven und physischen Tätigkeiten würden durch Maschinen erledigt und die menschlichen Aufgabenfelder sich auf einzelne Spezialgebiete beschränken. Selbst die zuvor beschriebene menschliche Fähigkeit, entsprechend der eigenen Wünsche zu handeln, könne verschwinden. Auf Biometrie gestützt könnten Algorithmen individuelle Entscheidungen übernehmen und somit dem Individualismus ein Ende setzen. All diese beschriebenen Entwicklungen lassen den Autor zum Schluss kommen, dass sich die Menschheit möglicherweise in verschiedene Kasten aufteilen werde und der Grundgedanke des Liberalismus somit zu Grabe getragen würde.[79]

Im Anschluss daran beschäftigt sich Harari nicht mehr mit gesellschaftlichen Veränderungen durch neue Technologien, sondern mit möglichen Veränderungen im und am Menschen selbst. Die zentrale These dieses Unterabschnitts nimmt der Techno-Humanismus ein. Dieser würde den Menschen bei der Verwandlung vom Homo Sapiens zum Homo Deus behilflich sein, indem er durch kleinere Veränderungen am Genom eine „zweite kognitive Revolution" ermöglichen könnte. Das Resultat wären Menschen mit optimierten körperlichen, vor allem aber auch geistigen Fähigkeiten. Zudem gäbe es die Möglichkeit, den menschlichen Geist zu manipulieren. Zweifel, Verwirrung und andere

---

78 Harari, „*Homo Deus*", 2017. S. 379f. S. 382f. S. 391f. S. 396. S. 410.

79 Harari, „*Homo Deus*", 2017. S. 413. S. 422f. S. 427. S. 432. S. 444f. S. 464f. S. 468f.

Zustände könnten umgelenkt werden. So fraglich dies aus humanistischer Sicht auch erscheinen möge, könnte es doch dem Wohlergehen der Gesellschaft und des Einzelnen dienen.[80]

Diesen Abschnitt und zugleich sein Buch schließt Harari mit Gedanken zum Dataismus. Auf diese wird, nachdem nun der generelle Blickwinkel und die Werke Hararis, davon „Homo Deus“ in größerer Tiefe, beschrieben sind, im folgenden Unterkapitel dieser Arbeit näher eingegangen. Hararis Beschreibung und Sichtweise des Dataismus bilden zudem die Grundlage für nachfolgende Untersuchungen im Kapitel der Diskussion.

4.3 Der Dataismus nach Harari

Im letzten Kapitel von „Homo Deus“ widmet sich der Autor einem Thema, das er „Datenreligion“ nennt. Eingeleitet wird dieses mit allgemeinen Erklärungen zu der „Dataismus“ genannten Strömung und fortgeführt mit Überlegungen zum Verhältnis ebendieser zu Wirtschaft, Politik, Mensch und Humanismus. Zum Abschluss wird eine kritische Position dazu bezogen und der Leser zu eigenen Gedanken angeregt.

Harari zufolge besteht das dataistische Universum aus Datenströmen. Jedes Phänomen und jedes Lebewesen trage zur Datenverarbeitung bei und habe einen dementsprechenden Wert. Seinen Ursprung habe diese Denkweise in der zunehmenden Zusammenführung der Bio- und der Computerwissenschaft durch eine Fokussierung auf Algorithmen. Der Unterschied zwischen lebendem Organismus und Maschine werde demnach überbrückt.[81]

Diese Weltsicht sei in der heutigen Wissenschaft aufgrund der außerordentlichen Möglichkeiten, die sich dadurch böten, schon weit verbreitet. An der Spitze dieser Chancen liege eindeutig der „Heilige Gral“ der Wissenschaft. Darin sieht der Autor die Schaffung einer übergreifenden Theorie, welche von Musikwissenschaft bis Biologie alle Disziplinen vereine. Durch eine solche Theorie ließen sich sowohl eine Symphonie, als auch das Grippevirus „[...] mit den gleichen Grundbegriffen und Instrumenten analysieren [...]“. Um dieses Ziel zu erreichen, müsse jedoch ein Wandel im Erkenntnisprozess vollzogen werden. Traditionell hätten Menschen Daten zu Wissen und Wissen

80 Harari, „*Homo Deus*“, 2017. S. 475ff. S. 490ff.

81 Harari, „*Homo Deus*“, 2017. S. 497.

wiederum zu Klugheit verwandelt. Durch die immer größer werdende Masse an Daten, könnten die Menschen dies jedoch nicht mehr bewältigen und müssten diesen Prozess den „elektronischen Algorithmen anvertrauen".[82]

Sprach Harari zu Beginn davon, dass sich „individuelle Organismen" als Algorithmen betrachten lassen könnten, weitet er dies auf übergeordnete Strukturen und Ordnungen, wie Völker, Städte und die Wirtschaft aus.[83]

Seine genaueren Ausführungen, inwiefern eine Verbreitung der „Religion des Dataismus" die Anschauung solcher Systeme, aber auch die Systeme selbst verändern würde, beginnt Harari mit einem Blick auf die Ökonomie. Gehe man davon aus, dass es sich bei der Ökonomie um ein Datenverarbeitungssystem handle, ergäben sich neue Blickwinkel auf Kommunismus und freie Marktwirtschaft. Auf deren Verhältnis zueinander böte sich somit neben Ideologie oder Moral eine weitere Perspektive.[84]

Das System des Kommunismus, zumindest in seiner Idealform, bestünde aus „einem einzigen zentralen Prozessor", der alle Daten verarbeite und sämtliche Entscheidungen treffe. Die Kommunikation zwischen einzelnen Akteuren erfolge demnach immer über einen zentralen Ort und nie direkt. Dies habe sich insbesondere unter dem technologischen Wandel des 20. Jahrhunderts und der dadurch stetig wachsenden Komplexität als Problem herausgestellt und letztlich zum Scheitern des Kommunismus geführt.[85]

Die Marktwirtschaft hingegen sei ein dezentrales Verarbeitungssystem, welches die direkte Kommunikation und den Informationsaustausch zwischen den daran beteiligten Instanzen ermögliche. Speziell die Börse wird als Zenit dieser Form der Datenverarbeitung gesehen und als „[...] das schnellste und effizienteste Datenverarbeitungssystem, das die Menschheit bislang geschaffen hat" bezeichnet. Besonders entscheidend für diese Erfolgsgeschichte seien zum einen die gleichmäßige Verteilung der Datenverarbeitung und zum anderen die Freiheit des Informationsaustausches.[86]

82 Harari, „*Homo Deus*", 2017. S. 498.
83 Harari, „*Homo Deus*", 2017. S. 498f.
84 Harari, „*Homo Deus*", 2017. S. 499.
85 Harari, „*Homo Deus*", 2017. S. 502ff.
86 Harari, „*Homo Deus*", 2017. S. 499ff.

Analog zur Konkurrenz der Wirtschaftssysteme verhalte es sich mit den rivalisierenden politischen Systemen der Diktatur und der Demokratie. Ein zentrales Datenverarbeitungssystem stehe einem Dezentralen gegenüber. Die technologischen Veränderungen des 20. Jahrhunderts hätten zwar der Demokratie und damit der dezentralen Datenverarbeitung in die Karten gespielt, doch könnten sich die Bedingungen im 21. Jahrhundert wieder zu deren Ungunsten entwickeln. Die Gründe hierfür werden an zwei Punkten festgemacht. Erstens bezweifelt der Autor die Fähigkeit der demokratischen Institutionen, in Form von Wahlen, Parlamenten, etc., mit der Datenmenge und Informationsgeschwindigkeit mitzuhalten. Zweitens wird die Ideen- und Visionslosigkeit heutiger Politiker bemängelt, welche heute trotz einer Explosion der Möglichkeiten in immer kleiner werdenden Dimensionen dächten.[87]

Die Folge dieser Entwicklung sei ein Machtvakuum, das gefüllt werden müsse und in der Zukunft auch werde. Jedoch sei dabei noch offen, ob diese neuen Strukturen autoritärer oder demokratischer Art sein würden und zudem, ob sie überhaupt von der Menschheit aufgebaut und gelenkt werden würden.[88]

In der Folge wendet Harari seine dataistische Weltsicht auf die gesamte menschliche Spezies an. Ginge man davon aus, dass es sich bei der Menschheit um ein Datenverarbeitungssystem handle, könne man die Geschichte als dessen Effizienzsteigerung betrachten. Diese wiederum wird an vier Grundmethoden festgemacht, welche sich teils widersprechen könnten.

Als erste Methode sieht der Autor eine Erhöhung der Prozessorzahl. Eine größere Anzahl von Menschen verfüge auch über eine höhere Rechenleistung.

Die zweite Methode sei eine Erhöhung der Vielfalt der Prozessoren. Kämen Prozessoren verschiedener Arten miteinander in Kontakt, würde dies die Kreativität und Dynamik des Systems erhöhen. Physiker und Priester beispielsweise, würden Daten unterschiedlich analysieren und durch die Verbindung miteinander neue Ideen generiert.

Die dritte Methode stellt die Erhöhung der Verbindungen unter den Prozessoren dar. Die technologische und gesellschaftliche Entwicklung von Städten würde verbessert, wenn diese zum Beispiel durch ein Handelsnetzwerk miteinander verbunden seien.

87 Harari, „*Homo Deus*“, 2017. S. 505f. S. 508f.

88 Harari, „*Homo Deus*“, 2017. S. 510f.

Eine Erhöhung der Bewegungsfreiheit zwischen bereits miteinander verbundenen Prozessoren ist die vierte Methode. Nur durch freien Informationsfluss könnten die Vorteile vorhandener Verbindungen genutzt werden.[89]

Gehe man nun davon aus, dass es sich bei dem Dataismus weniger um eine neutrale Theorie denn um eine Art der Religion handle und die Welt ein Datenverarbeitungssystem sei, ergäben sich daraus zahlreiche Folgen. Das dataistische Ziel sei die Schaffung eines noch effizienteren Systems zur Datenverarbeitung, welches durch die Schaffung eines „Internet aller Dinge" erreicht werden könne und den Menschen verschwinden ließe. Die dataistische Religion begnüge sich jedoch nicht mit Prophezeiungen, wonach der Wert des Menschen von seinen Fähigkeiten bezüglich Datenverarbeitung abhinge und daher bald ersetzt sein könnte. Auch Gebote seien hierbei – charakteristisch für Religionen – zu finden. Der Datenfluss müsse maximiert und alles mit dem System verbunden werden. Im Umkehrschluss sei die Blockierung des Datenflusses die größte Sünde.[90]

Die Entwicklung eines komplett neuen Wertes sei in der Menschheitsgeschichte sehr selten und zum letzten Mal während der humanistischen Revolution vorgekommen. Somit sei die dataistische Entdeckung des Wertes der Informationsfreiheit bemerkenswert. Die Befürworter des Dataismus würden auf die Vorzüge dieses Wertes verweisen und „alle guten Dinge" darauf zurückführen, angefangen beim Wirtschaftswachstum bis hin zur Gesundheitsvorsorge.[91]

Die Rolle des Einzelnen würde sich darauf beschränken, ein kleiner Chip in einem riesigen System zu sein. Dieses System würde von keinem Menschen gesteuert, geplant oder auch nur begriffen werden. Genau wie im kapitalistischen Weltbild übernähme eine „unsichtbare Hand" diese Aufgabe. Ihren Sinn und auch ihr Glück würden die Individuen in der Verbindung mit diesem System als großes Ganzes finden.[92]

Im Anschluss an diese Analysen betrachtet Harari das Verhältnis von Dataismus und Humanismus. Zunächst hält er fest, dass der Dataismus zwar „weder liberal noch humanistisch" sei, deshalb aber nicht automa-

89 Harari, „*Homo Deus*", 2017. S. 511f.

90 Harari, „*Homo Deus*", 2017. S. 515ff.

91 Harari, „*Homo Deus*", 2017. S. 517. S. 519.

92 Harari, „*Homo Deus*", 2017. S. 521f.

tisch „antihumanistisch“. Er hebt die Tatsache hervor, dass im Dataismus menschliche Erfahrungen durchaus, wenn auch wertfrei, anerkannt würden. Entscheidend sei die Tatsache, dass der Mensch selbst, weder Homo Sapiens, noch Homo Deus, nicht die oberste Instanz sei, sondern das effizientere, große Datenverarbeitungssystem.[93]

Besonders deutlich macht der Autor den Unterschied zwischen humanistischem und dataistischem Weltbild in der Aussage, dass bei ersterem Gott „ein Produkt der menschlichen Vorstellungskraft“ sei, bei zweiterem aber die „[...] menschliche Vorstellungskraft [...] ihrerseits das Produkt biochemischer Algorithmen“. Der Übergang vom homozentrischen zu diesem datazentrischen Weltbild werde in etwa mehrere Jahrzehnte bis zwei Jahrhunderte dauern, genau wie der damalige Übergang von der deozentrischen zur homozentrischen Weltsicht.[94]

Die Menschen hätten schon immer praktische Leitfäden für das Leben im Alltag benötigt. Nach der humanistischen Revolution sei diese Aufgabe durch die menschlichen Gefühle, die auch Algorithmen seien, übernommen worden. Die dataistische Revolution würde diese Rolle aber den neuen Algorithmen zuweisen, da diese den menschlichen weit überlegen wären.[95]

Abschließend findet Harari kritische Worte hinsichtlich der Datenreligion. Er betont, dass es keineswegs bewiesen sei, dass sich das Leben auf Datenströme und eine Abfolge von Entscheidungen reduzieren lasse. Wie auch bei den traditionellen Religionen, müsse ein Fehler in der Grundannahme dem Erfolg und der Ausbreitung des Dataismus aber nicht zwangsweise im Wege stehen. Gerade weil die dataistische Denkweise der Menschheit anfangs beim „Streben nach Gesundheit, Glück und Macht“ helfen würde, sei ihre Akzeptanz durchaus wahrscheinlich. In weiteren Schritten könne die Menschheit ihre Daseinsberechtigung aber einbüßen und die Spezies mitsamt ihrer Geschichte somit nicht mehr „[...] als ein leichtes Kräuseln im kosmischen Datenstrom“ gewesen sein.[96]

93 Harari, „*Homo Deus*“, 2017. S. 515. S. 524f.

94 Harari, „*Homo Deus*“, 2017. S. 526f.

95 Harari, „*Homo Deus*“, 2017. S. 528f. S. 530.

96 Harari, „*Homo Deus*“, 2017. S. 532ff.

5. Ergebnisse

5.1 Die Lesart des Homo Deus

Das Ziel dieses Abschnittes ist es, den Titel dieser Arbeit zu beantworten, oder sich zumindest einer Antwort zu nähern. Handelt es sich bei Hararis „Homo Deus“ um einen Blick in die Zukunft? Dazu wird die Lesart dieses Buches bestimmt. Zum Abschluss wird dargelegt, was der Fokus dieses Buches ist, um eine bessere Basis für das anknüpfende Unterkapitel des Literaturvergleichs herzustellen.

Zunächst ist der Begriff der Lesart selbst genauer zu bestimmen. Mit Lesart kann sowohl die Interpretation, als auch die Bedeutung eines Textes umschrieben werden.[97] Mit anderen Worten: Als was ist Hararis Buch zu verstehen? Hierfür kommen mehrere Möglichkeiten in Frage, welche von einer Warnung, zu einer Prophezeiung bis hin zu einer Handlungsempfehlung reichen. Erst, wenn dies bestimmt ist, kann eine Abschätzung erfolgen, ob die Lesart des Buches als Blick in die Zukunft gewertet werden kann.

Wie bereits im Methodenteil beschrieben, besteht diese Analyse aus drei Teilen: Zum einen wird eine sprachliche Analyse einzelner Textstellen, sowohl in der deutschen, wie auch in der englischen Ausgabe, durchgeführt. Zum anderen wird Hararis eigene Einschätzung zur Bedeutung seines Buches betrachtet. Daran anknüpfend wird, wie in einer qualitativen Inhaltsanalyse üblich, der latente Charakter des Buches betrachtet und mit den Erkenntnissen der beiden ersten Schritte abgeglichen.

Beim Lesen des „Homo Deus“ fällt auf, dass der Autor sparsam mit der sprachlichen Verwendung des Futurs umgeht. Dies ist bei einem Buch,

97 Heusinger, „*Die Lexik der deutschen Gegenwartssprache*“, 2004. S. 22.

welches die Zukunft behandelt, überraschend. Umso mehr stechen entsprechende Textstellen beim Lesen heraus und sind daher für nachfolgende Untersuchung besonders interessant. Insgesamt drei solcher Textstellen werden einer Analyse unterzogen. Die erste ausgewählte Stelle ist eine der ersten Verwendungen des Futurs im Buch. Die beiden anderen untersuchten Textstellen finden sich in späteren Kapiteln.
In der deutschen Ausgabe ist in der Einleitung unter einem Abschnitt über Klimawandel und dem Streben nach Wirtschaftswachstum folgendes zu lesen:

> „Wonach wird die Menschheit sonst noch streben? Werden wir uns damit zufriedengeben, uns an dem Erreichten zu erfreuen, Hunger, Krankheit und Krieg im Zaum zu halten und das ökologische Gleichgewicht zu bewahren? Das könnte tatsächlich die klügste Strategie sein, doch die Menschheit wird sie vermutlich nicht verfolgen."[98]

In der englischsprachigen Ausgabe heißt es:

> "What else will humanity strive for? Would we be content merely to count our blessings, keep famine, plague and war at bay, and protect the ecological equilibrium? That might indeed be the wisest course of action, but humankind is unlikely to follow it."[99]

Rein sprachlich fällt in beiden Textpassagen, welche quasi wörtliche Übersetzungen voneinander sind, auf, dass Harari die Verwendung des Futurs mit einer Fragestellung, stellenweise dem Konjunktiv und zusätzlich mit dem entkräftenden Wort „vermutlich" kombiniert. Eine einzelne zugrundeliegende Quelle gibt es für diese zusammenfassend zu verstehende Textstelle nicht. Somit kann der Wortlaut auf den Autoren selbst zurückgeführt werden und gibt durch seine Unschärfe bereits ein erstes analytisches Indiz.

In einem Abschnitt über die Unentbehrlichkeit einiger Menschen im Kapitel „Die große Entkopplung", welches den Techno-Humanismus umreißt, heißt es:

> „Diese Übermenschen werden über unerhörte Fähigkeiten und beispiellose Kreativität verfügen, was sie in die Lage versetzen wird, viele der wichtigsten Entscheidungen auf der Welt zu treffen. Sie werden zentrale Dienste für das System leisten, während das System sie nicht verstehen und lenken kann. Die meisten Menschen jedoch werden eine solche »Aufwertung«

98 Harari, „*Homo Deus*", 2017. S. 34.

99 Harari, „*Homo Deus*", 2017, englisch. S. 23.

nicht erleben und folglich zu einer niederen Kaste werden, die von den Computeralgorithmen ebenso beherrscht wird wie von den neuen Übermenschen."[100]

Im englischen Werk steht hierzu:

"These superhumans will enjoy unheard-of abilities and unprecedented creativity, which will allow them to go on making many of the most important decisions in the world. They will perform crucial services for the system, while the system could not understand and manage them. However, most humans will not be upgraded, and they will consequently become an inferior caste, dominated by both computer algorithms and the new superhumans."[101]

Beide Versionen lesen sich sehr klar und bestimmt und verzichten – mit Ausnahme des englischen „could" – auf jegliche Relativierung. Ein direkter Quellenbezug ist hierbei nicht ersichtlich, wobei Harari aber in der Folge auf Zahlen der World Bank zurückgreift.[102] Indirekt bezieht sich der Autor hierbei also auf die World Development Indicators, um die beschriebene Ungleichheit und daraus resultierende Kasten zumindest für den Status quo zu untermauern.

Nun wird eine Passage aus dem abschließenden Kapitel über den Dataismus betrachtet. Harari lässt sich dort im Deutschen wie folgt zitieren:

„Das heißt: Da sich die Bedingungen für die Datenverarbeitung im 21. Jahrhundert erneut verändern, könnte die Demokratie schwächer werden oder sogar verschwinden. Da sowohl die Menge als auch Geschwindigkeit der Daten zunehmen, könnten altehrwürdige Institutionen wie Wahlen, Parteien und Parlamente obsolet werden – nicht weil sie unmoralisch wären, sondern weil sie Daten nicht effizient genug verarbeiten."[103]

In der englischen Version liest sich:

"This implies that as data-processing conditions change again in the twenty-first century, democracy might decline and even disappear. As both the volume and speed of data increase, venerable institutions like elections,

100 Harari, „*Homo Deus*", 2017. S. 467.

101 Harari, „*Homo Deus*", 2017, englisch. S. 403.

102 Worldbank (2013). *World Development Indicators 2013.*
(Die von Harari angegebene Version von 2012 ist leider nicht mehr abrufbar und so musste hierfür die Version von 2013 herangezogen werden.)

103 Harari, „*Homo Deus*", 2017. S. 505f.

> parties and parliaments might become obsolete – not because they are unethical, but because they don't process data efficiently enough."[104]

Auch hierbei ist auf den ersten Blick zu erkennen, dass die deutsche Übersetzung nahezu deckungsgleich mit der englischen ist. Genauso benutzt Harari auch in diesem Fall das Futur in Verbindung mit dem Konjunktiv und das Indiz aus dem ersten Exempel erhärtet sich. Parallel zu den vorherig untersuchten Stellen findet sich auch hier kein direkter Bezug zu einer Quelle.

Bezüglich der sprachlichen Analyse lässt sich also festhalten, dass sich dieses Buch auf die allgemeinen Beschreibungen technischer und technologischer Entwicklungen fokussiert, welche Bezug zur Zukunft haben. Vorhersagen und Beschreibungen der Zukunft, welche folglich im Futur gehalten sein müssten, finden sich vergleichsweise selten. Hinzu kommt, dass Harari diese Stellen häufig im Konjunktiv und relativierend formuliert, was unter anderem daran liegen könnte, dass er sich dabei oftmals nicht direkt auf eine Quelle bezieht. Zwar wurden die untersuchten Passagen in dieser Analyse zufällig ausgewählt, jedoch handelt es sich insbesondere bei den vorgefundenen Relativierungen um keine Einzelfälle, da sich diese wie ein roter Faden durch das Buch ziehen.[105] Hervorzuheben ist, dass Harari, unabhängig von der tatsächlichen Häufigkeit, überhaupt auf sprachliche Entkräftungen zurückgreift und damit ein starkes Zeichen für die Lesart seines Buches setzt. Der durch die verwendete Sprache implizierte, latente Charakter des Buches, bzw. dessen Wirkung auf den Leser wird zu einem späteren Zeitpunkt noch genauer beleuchtet.

Der Autor legt grundsätzlich großen Wert darauf, dass die Leser sein Buch direkt einordnen können. Dazu gibt er an mehreren Stellen eigene Einschätzungen zur Lesart seines Werkes ab. Auch hierfür werden exemplarisch entsprechende Stellen herausgegriffen und für sich untersucht, sowie mit den Erkenntnissen aus der sprachlichen Analyse abgeglichen.

Bereits im einleitenden Kapitel findet sich eine solche Textpassage, in welcher es heißt:

---

104 Harari, „*Homo Deus*“, 2017, englisch. S. 435f.

105 Harari, „*Homo Deus*“, 2017. u.a. S. 34. S. 42. S. 46. S. 80. S. 413. S. 505f.

„Viele Wissenschaftler versuchen vorherzusagen, wie die Welt im Jahr 2100 oder 2200 aussehen wird. Das ist reine Zeitverschwendung.“[106]

Für sich gesehen sind diese beiden Sätze eine eindeutige Aussage in Bezug auf Zukunftsforschung und Zukunftsliteratur. Hier ist jedoch Vorsicht angebracht, denn diese beiden Sätze beruhen auf der Prämisse des Homo Deus. Dieser sei ein Wesen mit einer anderen Art von Verstand und die Logik hinter dessen Handeln würde sich dem heutigen menschlichen Verstand entziehen. Dadurch dass der Autor diese These überhaupt behandelt, zeigt er aber, dass diese seiner Ansicht nach grundsätzlich eintreten könnte. Würde man diese beiden Sätze aus dem Kontext reißen, wäre seiner Meinung nach auch sein Buch Zeitverschwendung, wenn es als Zukunftsvorhersage verstanden werden soll.

Im weiteren Verlauf der Einleitung des „Homo Deus“ gibt Harari noch einmal eine Beurteilung ab. Seine Abhandlung über das menschliche Überwinden von Hunger, Krankheit und Krieg, sowie das neue menschliche Streben nach Gesundheit, Glück und Macht bezeichnet er als „Prophezeiung“[107], bzw. als „historisch begründete Prognose“[108]. Dies könnte als sehr genaue Bestimmung der Lesart dienen. Jedoch darf dabei nicht außer Acht gelassen werden, dass sich diese Wertung vor allem auf ebendiesen Einleitungsteil bezieht, welcher durch seinen Inhalt näher am heutigen Zeitalter und technischen Entwicklungsstand angelehnt und dadurch unmittelbarer und greifbarer ist, als es manch andere Kapitel im Buch sind.

Dies bestätigt der Autor zum Abschluss des einleitendenden Kapitels selbst:

> „All die Prognosen, die diesem Buch Würze verleihen, sind nichts weiter als der Versuch, heutige Dilemmata zu erörtern, und eine Einladung, die Zukunft zu verändern. Wenn man voraussagt, die Menschheit werde versuchen, Unsterblichkeit, Glück und Göttlichkeit zu erlangen, so ist das in Wahrheit so, als würde man prognostizieren, dass Menschen, die ein Haus bauen, in ihrem Vorgarten einen Rasen haben wollen. Es klingt sehr wahrscheinlich. Doch erst wenn man es ausspricht, kann man darangehen, über Alternativen nachzudenken.“[109]

Diese Stelle der Selbsteinschätzung verleiht dem Buch nach Wunsch des Autors noch eine weitere Lesart. Wie er es zuvor anklingen ließ,

---

106 Harari, „*Homo Deus*“, 2017. S. 68.
107 Harari, „*Homo Deus*“, 2017. S. 81.
108 Harari, „*Homo Deus*“, 2017. S. 81f.
109 Harari, „*Homo Deus*“, 2017. S. 93.

sieht Harari in seiner Rolle als Autor auch die Möglichkeit, Diskussionen anzustoßen, indem er generelles Wissen und seine „Prognosen" einer größeren Masse zugänglich macht.[110]

Nun könnte man davon ausgehen, dass Harari, dessen Buch zuvor in der sprachlichen Analyse noch eher als unverfänglich und vage eingestuft wurde, durch oben aufgeführte Passagen alle Zweifel zur Lesart seines Buches genommen habe. Am Ende des Werkes äußert sich der Autor aber in einer Art und Weise, welche beinahe im Gegensatz zu obig aufgeführten Zitaten steht:

> „Wir können die Zukunft nicht wirklich vorhersagen. All die hier in diesem Buch entworfenen Szenarien sollten als Möglichkeiten und weniger als Prognosen verstanden werden."[111]

Auf den Leser, der nach der Einleitung davon ausgegangen ist, in einer „historisch begründeten Prognose"[112] zu lesen, muss dieser Satz enttäuschend wirken. Zwar führt der erste Satz dieser Textstelle die Einschätzung des vorneweg präsentierten Zitats fort, doch widerspricht deren zweiter Teil der zuvor kommunizierten Lesart komplett.

Gerade die zuletzt aufgezeigte, widersprüchliche Bewertung Hararis macht seine Eigeneinschätzung zur Lesart des Buches durchaus kompliziert. Wenn man also davon ausgeht, dass der Autor über keine gespaltene Persönlichkeit verfügt, kommt folgende Bewertung der Selbsteinschätzung der Wahrheit am nächsten. Vor allem im umfangreichen Einleitungsteil seines Buches stellt der Autor Prognosen, nicht aber konkrete Vorhersagen an. In den weiteren Kapiteln, welche meist weniger Bezug zum Status quo haben, beschränkt sich der Autor allerdings auf das Aufzeigen von Möglichkeiten. Die Einschätzung Hararis, die sich durch das gesamte Buch zieht, ist sein Wunsch, dass dieses Buch als Ausgangspunkt zur Diskussion über mögliche Wege der Zukunft dienen soll.

Nach der sprachlichen Analyse und der Untersuchung Hararis eigener Einschätzung zur Lesart seines Buches wird an dieser Stelle das Augenmerk auf den latenten Charakter seines Buches gelegt. Dieser setzt sich, zumindest im Fall dieser Betrachtung, aus sprachlicher Gestaltung, welche der gewöhnliche Leser eher unterbewusst wahrnimmt, den

---

110 Harari, „*Homo Deus*", 2017. S. 82.
111 Harari, „*Homo Deus*", 2017. S. 534.
112 Harari, „*Homo Deus*", 2017. S. 82.

bereits beleuchteten Eigenaussagen des Autors, sowie aus der Wirkung der Themenwahl zusammen.

Die sprachliche Gestaltung des Werkes wird, wie oben beschrieben, häufig durch Relativierung bestimmt. Dies wird dadurch ergänzt, dass Harari selbst seine eigenen Aussagen am Ende des Buches noch einmal entkräftet. All das verleiht dem Buch einen gewissen Charakter der Unschärfe und Unbestimmtheit.

Verstärkt wird dieser Effekt durch Hararis generellen Fokus, welcher zum Abschluss dieses Kapitels noch einmal detaillierter betrachtet wird. Allgemein auffällig ist jedoch, dass das Spektrum der bearbeiteten Bereiche sehr breit gefächert ist und es zudem sehr komplexe Entwicklungen und Fragestellungen miteinschließt. In den wenigsten dieser Bereiche ist der Autor als Historiker, trotz aller wissenschaftlicher Recherche und dem Hinzuziehen entsprechender Fachleute, ein geeigneter Experte. Obwohl Harari eingesteht, dass die heutige Welt niemand mehr komplett verarbeiten oder begreifen kann, versucht er dies durch den ausgedehnten Blick auf das heutige und zukünftige Leben dennoch.[113] Dabei untersucht er viele Sachverhalte nur oberflächlich.

Greift man die Fragestellungen dieses Kapitels nach der Lesart des „Homo Deus“, und ob es sich dabei um einen Blick in die Zukunft handelt, wieder auf, muss man nach geschehener Analyse folgendes festhalten: Dieses Buch ist ein Aufzeigen zahlreicher Möglichkeiten, sowie eine Diskussionsgrundlage auf einem Niveau, das möglichst vielen Menschen Zugang zur Thematik verschafft. Somit ist es weniger ein Blick in die Zukunft, als ein Blick auf zukünftige Möglichkeiten. Es werden viele potenzielle Entwicklungen aufgezeigt, deren Eintreten unterschiedlich wahrscheinlich ist. Ob, wann und in welchem Umfang diese wirklich eintreten und inwiefern diese Entwicklungen untereinander wechselwirken werden, kann und will der Autor nicht beantworten und umschifft diese Klippe durch einen omnipräsenten Nebel der Andeutungen.

Bestätigung findet diese Conclusio auch durch Hararis Auffassung zur Aufgabe von Historikern und der Wissenschaft im Allgemeinen. Diese sei es, die Menschen von der Vergangenheit zu befreien und ihnen mehr Optionen für die Zukunft zu verschaffen.[114]

Das Motiv, aus welchem heraus Harari „Homo Deus“ schuf, wirkt sich unmittelbar auf dessen thematischen Fokus aus. Will ein Autor

---

113 Harari, „*21 Lektionen für das 21. Jahrhundert*“, 2019. S. 337. S. 354.

114 Harari, „*21 Lektionen für das 21. Jahrhundert*“, 2019. S. 86f.

dem Leser die unterschiedlichsten Möglichkeiten für die Zukunft aufzeigen, liegt es auf der Hand, dass er dabei eine ganze Palette von Themen bearbeitet. Dazu zählen in „Homo Deus“ unter anderem der menschliche Geist und die Religion, aber auch Aspekte wie Wirtschaft und Umwelt.

Entscheidender bei der Suche nach dem Fokus dieses Buches ist jedoch nicht die breit gefächerte Themenwahl des Autors. Vielmehr steht im Vordergrund, dass Harari all diese Themen unter der Annahme eines „Homo Deus“ betrachtet, welchen er im einleitenden Teil seines Werkes entstehen lässt. Diesem wiederum liegt ein Siegeszug einer Verbindung von KI und Biotechnologie zugrunde. Für den Fokus dieses Buches lässt sich also festhalten, dass der Autor einen zentralen Kerngedanken hat, welchen er mit verschiedenen Aspekten des menschlichen Lebens in Verbindung bringt.

5.2 Hararis „Homo Deus“ im Vergleich zu anderer Zukunftsliteratur

Der Inhalt von Hararis „Homo Deus“ wurde im Theorie-Kapitel dieser Arbeit und dessen Lesart und Charakter im vorangehenden Abschnitt beleuchtet. Diese dadurch gewonnenen Erkenntnisse dienen für den nachfolgenden Vergleich mit der Zukunftsliteratur anderer Autoren als Referenz. Diese werden jeweils anhand einer der Darstellung des Inhalts auf Fokus, sowie Lesart überprüft. Thematische und charakterliche Überschneidungen zum Referenzwerk Hararis, werden auf deren Verhältnis, Zustimmungen und Widersprüche untersucht. Den Kern bildet dabei, wie im Kapitel über die verwendeten Methoden erklärt, eine qualitative zusammenfassende Inhaltsanalyse, aufgrund welcher der Inhalt der behandelten Werke paraphrasiert dargestellt wird. Diese individuellen Ergebnisse werden in den jeweiligen folgenden Unterkapiteln dargestellt. Im letzten dieser Unterkapitel wird zudem noch ein allgemeines Fazit gezogen, wobei sich den untersuchten Werken und Sichtweisen in ihrer Gesamtheit bedient wird. Insgesamt wird der Vergleich zu fünf anderen Autoren angestellt und dabei deren Gedanken zur Zukunft betrachtet. Ziel bei der Auswahl der betrachteten Denker und Werke war es, diese mannigfaltig und facettenreich zu gestalten und somit die Gedanken verschiedener Strömungen zu berücksichtigen.

5.2.1 Oswald Spengler: Der Untergang des Abendlandes. Umrisse einer Morphologie der Weltgeschichte. Erster Band: Gestalt und Wirklichkeit. (1918)

Oswald Spengler wurde 1880 geboren, studierte Mathematik, Naturwissenschaften und Philosophie und war bis zu seinem Tod im Jahr 1936 als freier Schriftsteller tätig. Sein bedeutendstes Werk ist „Der Untergang des Abendlandes. Umrisse einer Morphologie der Weltgeschichte“, in der Folge kurz „Der Untergang des Abendlandes“, welches in zwei Bänden 1918, bzw. 1922 erschien. Es handelt sich dabei um ein bis heute vielbeachtetes Werk, welches ihm schon zu Lebzeiten zu Berühmtheit verhalf.[115]

Der Aufbau des umfangreichen ersten Bandes besteht aus einer Einleitung, einem erklärenden Tafelwerk und fünf darauffolgenden Kapiteln, welche teils untergliedert sind. Auffallend ist eine scheinbare Beliebigkeit in diesem Aufbau, welche dem heutigen, aber vermutlich auch damaligen Leser entgegenschlägt. Verstärkt wird dieses Gefühl durch eine sprunghafte Erzählweise, welche von philosophischen Exkursen und Wiederholungen geprägt ist und ihre Perspektive wiederholt von Naturwissenschaft zu Philosophie und Kunst wechselt.

Bereits mit dem ersten Satz seines Werkes nimmt Spengler den Zweck des Buches vorneweg, indem er schreibt: „In diesem Buche wird zum erstenmal [sic!] der Versuch gewagt, Geschichte vorzubestimmen.“[116] Als Voraussetzung für eine solche Vorhersage bricht er zum einen mit der vorherrschenden Vorstellung, dass Geschichte durch Zufälle, die durch Ursache und Wirkung bedingt seien, bestimmt und in die Unendlichkeit gerichtet sei.[117] Ebenso prangert er die Tatsache an, dass die verbreitete Geschichtsanschauung zumeist eurozentrisch sei und damit andere Kulturen, wie die mexikanische oder arabische, und deren Geschichte ignoriert würden. Somit findet er Gründe für einen Widerspruch der gängigen Gliederung von Geschichte in „Altertum – Mittelalter – Neuzeit“.[118] Zudem weist der Autor daraufhin, dass den Menschen schon immer bewusst gewesen sei, dass „[...] die Zahl der weltgeschichtlichen Erscheinungsformen eine begrenzte ist [...]“ und sich daher „[...] Zeitalter, Epochen, Lagen und Personen [...] dem Typus nach wiederholen [...]“. Er verweist dabei beispielhaft auf häufig

115 Oswald Spengler Society (2017). *Oswald Spengler.*

116 Spengler, „*Der Untergang des Abendlandes, Band I*“, 2017. S. 23.

117 Spengler, „*Der Untergang des Abendlandes, Band I*“, 2017. S. 23. S. 28.

118 Spengler, „*Der Untergang des Abendlandes, Band I*“, 2017. S. 44ff.

gezogene Quervergleiche zwischen Napoleon, Cäsar und Alexander dem Großen. Spengler sieht darin die Bestätigung, dass Geschichte, wie vorhin beschrieben weniger einem Ursache-Wirkungsprinzip, sondern vielmehr einer „Logik der Zeit", welche man wohl mit Dynamik des Schicksals am besten umschreiben könnte, unterliege. Anstelle der bisherigen „fragmentarisch[en] und willkürlich[en]" Vergleiche möchte Spengler jedoch einen Schritt weitergehen und fordert einen systematischen Blick auf die Phasen der Geschichte. Seiner Meinung nach gelte es, „[...] die Stufen aufzufinden, die durchschritten werden müssen, und zwar in einer Ordnung, die keine Ausnahme zuläßt [sic!]".[119]

Um ebenjene Stufen ausfindig zu machen und zu untersuchen, bedient sich Spengler zweier Begriffe, welche er in der Folge methodisch anwendet. Der erste Begriff ist die Morphologie. Was in der Biologie die Lehre von der äußeren Form von Lebewesen und ihrer Organe bezeichnet, wendet der Autor auf Philosophie und Geschichte an, indem er die Morphologie für systematische Vergleiche verschiedener Kulturen, bzw. deren Stadien nutzt.[120] Der zweite Begriff ist der der Homologie. „Als Homologie der Organe bezeichnet die Biologie deren morphologische Gleichwertigkeit im Gegensatz zur Analogie, die sich auf die Gleichwertigkeit ihrer Funktion bezieht."[121] Das Ziel der Einführung dieses Begriffes ist es, ihn als Instrument zu verwenden. Mit Hilfe dessen will Spengler darlegen, dass „[...] zwei geschichtliche Tatsachen, die, jede in ihrer Kultur, in genau derselben – relativen – Lage auftreten [...] eine genau entsprechende Bedeutung haben" und so „gleichzeitig" seien. Diese Gleichzeitigkeit ist jedoch nicht absolut chronologisch zu verstehen, sondern relativ auf die jeweilige Phase der Kulturen zu beziehen.[122]

Durch die Nutzung dieser Instrumente hält Spengler einerseits eine „Paläontologie" der Geschichte für möglich. Durch die morphologischen Zusammenhänge ließen sich „[...] längst verschollene und unbekannte Epochen, ja ganze Kulturen der Vergangenheit [...] rekonstruieren [...]". Andererseits könne auch das „[...] noch nicht abgelaufene Zeitalter abendländischer Geschichte nach innerer Form, Dauer, Tempo, Sinn, Ergebnis [...]" vorausbestimmt werden.[123]

---

119 Spengler, „*Der Untergang des Abendlandes, Band I*", 2017. S. 24f. S. 31.

120 Spengler, „*Der Untergang des Abendlandes, Band I*", 2017. S. 27ff.

121 Spengler, „*Der Untergang des Abendlandes, Band I*", 2017. S. 209.

122 Spengler, „*Der Untergang des Abendlandes, Band I*", 2017. S. 209f. S. 211.

123 Spengler, „*Der Untergang des Abendlandes, Band I*", 2017. S. 212.

Bei der Betrachtung dessen, wie Spengler diese Methode auf die Kultur des Abendlandes anwendet und dadurch auf dessen bevorstehenden Untergang schließt, müssen folgende historische Begebenheiten beachtet werden, welche während Entstehung und Erscheinen des Werkes aktuell und bestimmend waren. Zum einen war der erste Weltkrieg noch im Gange, bzw. nach seinem Ende dessen Nachwehen noch deutlich spürbar und in der westlichen Welt allgegenwärtig. Zum anderen dauerten die „Goldenen Zwanziger“, bzw. „Roaring Twenties“, die heute in vielen Köpfen existieren, keine ganze Dekade an, sondern vielmehr von circa 1924 bis 1929, als sie durch den Wall Street Crash ein jähes Ende fanden.[124] Die Zeit zwischen erstem Weltkrieg und Weltwirtschaftskrise muss sich der heutige Leser in diesem Kontext also sachlich-nüchtern und nicht romantisch-verklärt ins Gedächtnis rufen.

Spengler erklärt den Untergang des Abendlandes, wie auch den Untergang jeder anderen Kultur, auf verschiedene Arten, unter anderem anhand der Symptome. Zu diesen zählten ein starkes Ungleichgewicht zwischen Weltstadt und Provinz, Geld als Repräsentanten der wahren Macht und eine damit einhergehende illusorische „Selbstbestimmung des Volkes“, sowie ein „Dasein ohne innere Form“, welches mit „Weltstadtkunst als Gewohnheit, Luxus, Sport, Nervenreiz“ und „Schnellwechselnde[n] Stilmoden“ einhergehe.[125] Ergänzend findet sich die Aussage, dass sich die reinste Form der Zivilisation durch den Imperialismus, im Abendland zu dieser Zeit insbesondere durch den Kolonialismus präsent, äußere, dieser aber den Verfall der Kultur nur zu verzögern vermöge.[126]

Zusätzlich liefert Spengler eine schematische Darstellung dessen, was er als Untergang einer Kultur betrachtet, in Form eines Tafelwerkes. Darin werden indische, antike, arabische und abendländische Kultur strukturiert gegenübergestellt und somit versucht, die jeweiligen Homologien darzustellen. Die einzelnen Phasen der Kulturen werden dabei in Frühling, Sommer, Herbst und Winter, bzw. Vorzeit, Kultur und Zivilisation eingeteilt. Zusätzlich zu den bereits unter den Symptomen erwähnten Kunst- und Politikaspekten, geht der Autor darin auch auf Aspekte der „Geistesepochen“ ein. Das Abendland wähnt er im letzten Stadium, dem des Winters. Herrschten im Herbst einer Kultur noch „großstädtische Intelligenz“ und das Gedankengut der Aufklärung vor, äußere sich der Winter anders. Es fallen für diese Beschreibung

124 Wehler, „*Deutsche Gesellschaftsgeschichte, Band 4*“, 1987. S. 252.
125 Spengler, „*Der Untergang des Abendlandes, Band I*“, 2017. S. 72. S. 76. S. 111.
126 Spengler, „*Der Untergang des Abendlandes, Band I*“, 2017. S. 79.

Schlagworte wie „Erlöschen der seelischen Gestaltungskraft“, „materialistische Weltanschauung“, „Kultus der Wissenschaft, des Nutzens, des Glückes“ und „Ausbreitung einer letzten Weltstimmung“.[127]

Ergänzt werden diese dargebrachten Blickwinkel von einer philosophischen Perspektive. Unter anderem macht er die Wendung von Kultur zu Zivilisation (Herbst zu Winter) anhand einer Erschöpfung seelischer Fruchtbarkeit, dem Ersetzen der Zeugung durch die Konstruktion und des nach außen Kehrens menschlicher Energie fest. Durch die Grundaussage seines Buches und den Homologie-Gedanken werden diese Entwicklungen auch an der abendländischen Kultur der damaligen Zeit festgemacht.[128]

Als den Fokus von Spenglers „Der Untergang des Abendlandes“ lassen sich die von ihm darin geschaffenen Begriffe, beziehungsweise Methoden der Morphologie und Homologie ausmachen. Durch die Anwendung seiner Instrumente reduziert er die Weltgeschichte auf acht homologe Hochkulturen und sieht dadurch das Abendland vor seinem Untergang. Bemerkenswert ist dabei zudem, dass diese Gedankenreise um Goethe wie um einen Fixstern kreist und der Autor dabei oftmals an das Gedankengut Nietzsches anknüpft, wenngleich er diesem nicht in all seinen Punkten zustimmt.

Interessant ist bei allen offensichtlichen Unterschieden zu Hararis „Homo Deus“, dass auch Spengler in seinem Werk eine zentrale Idee verfolgt, welche er mit verschiedenen Themenbereichen in Verbindung bringt. Zu diesen zählen, wie zu Beginn dieses Kapitels bereits vorweggenommen, naturwissenschaftliche, philosophische, künstlerische und kulturelle.

Die Lesart dieses Buches ist, zumindest aus heutiger Sicht, relativ einfach zu bestimmen. Um als echtes wissenschaftliches Werk oder etwa als Zukunftsvorhersage dienen zu können, befinden sich in „Der Untergang des Abendlandes“ zu viele teils grundlegende Fehler. Nicht nur ist es äußerst zweifelhaft, naturwissenschaftliche Aspekte auf Goethe zu stützen, sondern entbehrt auch ein isoliertes und zyklisches Geschichtsverständnis einer soliden Grundlage. Dabei werden zum Beispiel mögliche Kontakte zwischen verschiedenen Kulturkreisen vollkommen ignoriert. Dass das Abendland in den mehr als einhundert Jahren seit dem

---

127 Spengler, „*Der Untergang des Abendlandes, Band I*“, 2017. S. 105ff.

128 Spengler, „*Der Untergang des Abendlandes, Band I*“, 2017. S. 79. S. 567. S. 572.

Erscheinen des Buches nicht untergegangen ist und sich sogar in vielen Bereichen verbessert hat, spricht zudem für sich.

Daher ist es sinnvoll, sich noch einmal die geschichtlichen Gegebenheiten des Jahres 1918 und der Jahre davor ins Gedächtnis zu rufen. Somit lässt sich „Der Untergang des Abendlandes“ am ehesten als pseudowissenschaftlicher Kulturpessimismus verstehen. Der Mensch stehe vor einem gewissen Schicksal, welches Spengler vorhersagt, und dieses sei der Untergang.[129]

Darin wird der Unterschied der Lesart von „Homo Deus“ und „Der Untergang des Abendlandes“ besonders deutlich. Harari schrieb dieses Buch, wie vorangehend analysiert, unter anderem deshalb, damit sich die Menschen eben nicht wahllos einem vermeintlichen Schicksal ergeben müssen.

Beachtlich sind auch andere Aspekte in „Der Untergang des Abendlandes“, die im Vergleich mit „Homo Deus“ betrachtet werden können. Zuallererst sticht dem Leser beider Werke bereits im ersten Satz von Spenglers Werk, welcher zuvor zitiert wurde, ein deutlicher Gegensatz zwischen den beiden Autoren ins Auge. Harari spricht von seinem Buch teils von einer historisch begründeten Prognose, teils von einem Aufzeigen von Möglichkeiten.[130] Zudem wird von ihm betont, dass das Voraussagen der Zukunft reine Zeitverschwendung sei.[131] Spengler jedoch wagt in seinem Buch genau das, was Harari als Unsinn abtut: Die Vorausbestimmung der Zukunft.[132]

Harari geht in seinem Buch von schier unbegrenzten technischen Möglichkeiten aus und sieht darin sowohl die größten Gefahren, als auch die größten Chancen für die Menschheit. Ganz anders zu lesen ist dies jedoch in „Der Untergang des Abendlandes“. Demnach sei „[...] die westeuropäische Physik nahe an die Grenzen ihrer inneren Möglichkeiten gelangt“.[133] Spengler ignoriert jedoch nicht nur, dass in der Physik weitere Chancen für die Menschheit liegen, sondern geht sogar noch einen Schritt weiter. Beispielsweise zweifelt er in der Folge an grundsätzlichen physikalischen Gesetzen, wie beispielsweise dem der

129 Spengler, „*Der Untergang des Abendlandes, Band I*“, 2017. S. 23.

130 Harari, „*Homo Deus*“, 2017. S. 82. S. 534.

131 Harari, „*Homo Deus*“, 2017. S. 68.

132 Spengler, „*Der Untergang des Abendlandes, Band I*“, 2017. S. 23.

133 Spengler, „*Der Untergang des Abendlandes, Band I*“, 2017. S. 665.

Gravitation, oder bezeichnet die Relativitätstheorie als „Arbeitshypothese von zynischer Rücksichtslosigkeit".[134] Deutlicher als an diesem Beispiel lässt sich der Unterschied der beiden Bücher nicht aufzeigen.

Besonders aufschlussreich ist es außerdem, die Unterschiedlichkeit der beiden Bücher an einer eigentlichen Gemeinsamkeit aufzuzeigen. Diese Gemeinsamkeit ist das Denken Nietzsches, welches beide Autoren partiell aufgreifen. Harari macht dies durch die Erschaffung des Homo Deus, einer Art transhumanistischem Übermenschen aufbauend auf Nietzsche. Auf diesen Aspekt wird in einem späteren Kapitel noch genauer eingegangen. Spengler wiederum greift in der Konzeption seines Buches Nietzsches „ewige Wiederkunft des Gleichen" auf, wenngleich er dem Philosophen unterstellt, daran „niemals mit gutem Gewissen geglaubt" zu haben.[135] Den Aspekt der Philosophie Nietzsches jedoch, den Harari gerne aufgreift, lehnt Spengler ab. So schreibt er wortwörtlich, Nietzsches „[...] Übermenschenlehre ist ein Luftgebilde."[136]

Besonders am letzten Exempel wird deutlich, dass „Homo Deus" und „Der Untergang des Abendlandes" unterschiedlicher kaum sein könnten. Bis auf die Tatsache, dass beide Autoren stringent ihren Kerngedanken verfolgen, widersprechen sie sich in nahezu allen Aspekten, inhaltlich und konzeptionell.

5.2.2 Peter Strasser: Spenglers Visionen. Hundert Jahre Untergang des Abendlandes (2018)

Peter Strasser, geboren im Jahr 1950 in Graz, ist studierter Philosoph und Germanist. Er lehrt an der Karl-Franzens-Universität in Graz Philosophie mit dem Schwerpunkt auf Rechtsphilosophie und schreibt unter anderem für die *Neue Zürcher Zeitung* Essays und Kolumnen.[137]

Im Jahr 2018 veröffentlichte Strasser, 100 Jahre nach dem Erscheinen von Spenglers „Untergang des Abendlandes", sein Buch mit dem Titel „Spenglers Visionen. Hundert Jahre Untergang des Abendlandes", in der Folge kurz „Hundert Jahre Untergang" genannt. Dieses Buch ist in zwei Teile unterteilt, von denen der erste Spenglers Gedanken und

---

134 Spengler, „*Der Untergang des Abendlandes, Band I*", 2017. S. 665f. S. 668.

135 Spengler, „*Der Untergang des Abendlandes, Band I*", 2017. S. 580.

136 Spengler, „*Der Untergang des Abendlandes, Band I*", 2017. S. 579.

137 Neue Zürcher Zeitung (2018). *Peter Strasser.*

Haltung einordnet und der zweite einen Ausblick auf das heutige und zukünftige Abendland liefert.

Strasser beginnt sein Buch nach einem locker gehaltenen Prolog damit, dass er, ähnlich wie in der obenstehenden Analyse Spenglers Werks geschehen, auf den historischen Hintergrund von Spenglers „Untergang des Abendlandes" eingeht. Einerseits betont Strasser die vorherrschende Gefühls- und Gemütslage in Deutschland, welche von Nachkriegsstimmung und der Wirkung des Friedensvertrags von Versailles gekennzeichnet gewesen sei. Diese Situation, von vielen Zeitgenossen als Schmach angesehen, habe Spengler genutzt, nicht einfach vom Untergang der deutschen Kultur, sondern von dem des Abendlandes zu sprechen. Dadurch habe er die Möglichkeit geschaffen, durch seine Rhetorik die deutsche Nation auf einen neuen Krieg mit phönixhaftem Ausgang vorzubereiten. Strasser sieht darin eine „Entlastungsbotschaft" in einem „Bedrückungskontext". Des Weiteren wird Spenglers zwiespältiges Verhältnis zum Nationalsozialismus beleuchtet. Spengler habe die Machtübernahme der Nazis zwar nur als Übergangserscheinung angesehen, doch seien ihm deren revolutionäre Gedanken und Taten teils noch nicht weit genug gegangen.[138]

Aufbauend auf diesem Fundament werden Fehler in Spenglers Denkweise betrachtet, welche großenteils darauf zurückzuführen seien, dass dieser bei seiner Studie nicht so wertfrei vorging, wie dieser selbst aber betont habe. So habe dieser beispielsweise den Darwinismus auch deshalb abgelehnt, weil dieser von Liberalen und Demokraten vertreten worden sei. Spengler stütze sich daher bei der Widerlegung der Evolutionstheorie auf eine irrtümliche Kausalkette der Paläontologie seiner Zeit. Ebenso bemängelt Strasser Spenglers Ursymboltheorie und seine Betrachtung des Abendlandes als Gegenstück zur Antike. Wie bereits in der vorherigen Analyse Spenglers Werks aufgegriffen, kritisiert auch Strasser in der Folge Spenglers fehlendes Berücksichtigen der Durchlässigkeit und der Befruchtung zwischen Kulturen.[139]

Als nächstes betrachtet Strasser Spenglers Sicht auf die Zivilisation, welche sich an Nietzsche und Heidegger anschließe. Es werde ein Bild von der Zivilisation gezeichnet, in welcher die Menschen durchschnittlich und gleichgemacht, müde und kulturlos „[...] durchs Leben schlurfen [...]". Dieses Stadium, in dem keinerlei Höchstleistung mehr zu erwarten sei, müsse gemäß Spengler zu Ende gebracht werden und so

138 Strasser, „*Spenglers Visionen*", 2018. S.17. S. 19. S. 22. S. 24f.

139 Strasser, „*Spenglers Visionen*", 2018. S.27. S. 29. S. 31. S. 36ff.

sähe dieser in Geld und Maschinen die Möglichkeit, den Pazifismus zu überwinden.[140]

Strasser beschließt den ersten Teil seines Buches mit einem „Standardmotiv der elitären Zivilisationskritik", welches bei Spengler, aber zum Beispiel auch bei Handke, zu finden sei. Er bezeichnet dieses Motiv als Vermassung und erörtert, dass deren Kritiker, wie Spengler einer gewesen sei, ein Lebensrecht nur denen zugestehen würden, welche dagegen kämpften. Die Natur dieser Masse wird in der Folge untersucht und die Begriffe „Man" und „Viel-zu-Viele" mit der demokratischen Zivilisation abgeglichen. Insbesondere streicht Strasser dabei heraus, dass Spengler seine gesamte Abneigung gegen diese Form gerne auf das Künstler- und Literatentum seiner Zeit projiziert habe, zu denen er jedoch wohl selbst gerne gehört hätte.[141]

Diese Abhandlung nutzt Strasser, um darauffolgend das heutige Verhältnis des Abendlandes zur Demokratie, die Rolle des Volks als Souverän, sowie die Paradoxie im Verhältnis der Populisten zur Masse und dem Untergang zu beleuchten.[142]

Der zweite Teil von „Hundert Jahre Untergang" wird über den Begriff des Pragmatismus eingeleitet. Dieser bedeute, dass das wahr sei, was nütze. Dadurch ergebe sich in der Realität jedoch die Gefahr, dass somit Fakten außen vorgelassen würden. Strasser widmet sich daran anknüpfend Spenglers Wahrheitsbetrachtung als „Kulturseelenfunktion" und „Überwältigungspragmatik", bevor er die der Aufklärung entstammende Idee der universellen Wahrheit beschreibt. Fortgeführt wird die Abhandlung mit einem Blick auf die Bewegungen des Populismus, welche unter Umständen aufgrund eines neuen Verlangens nach Geborgenheit und trotz des Lösens aller dringenden Fragen die Oberhand gewinnen könnten. Denn genau wie Spengler fälschlicherweise von einem Ende der Geschichte ausgegangen sei, sei dies zum Beispiel auch der bekannte Politikwissenschaftler Francis Fukuyama, der im liberalen Milieu beheimatet ist. Dennoch betont Strasser, dass die populistischen Kräfte schnell entzaubert werden würden und Spengler mit seiner Beschreibung der Cäsaren, welche nichts als große Worte zu bieten hätten, wohl Recht gehabt habe.[143]

---

140 Strasser, „*Spenglers Visionen*", 2018. S. 47f. S. 49ff.

141 Strasser, „*Spenglers Visionen*", 2018. S. 53f. S. 55ff.

142 Strasser, „*Spenglers Visionen*", 2018. S. 59. S. 61f.

143 Strasser, „*Spenglers Visionen*", 2018. S. 65ff. S. 68. S. 71f. S. 74ff. S. 77.

Nachdem mit der universellen Wahrheit bereits ein aufklärerischer Wert in den Fokus gerückt war, konzentriert sich Strasser auch im weiteren Verlauf auf die europäischen, bzw. westlichen Werte. Über die jeweiligen Sichtweisen Spenglers und Kants werden die Formen von Wahrheit, Gleichheit und Menschenwürde hergeleitet, welche den besagten westlichen Werten zugrunde lägen. Zudem wird die Frage nach der Verteidigung dieser westlichen Ideale in einer säkularisierten und ungleichen Welt diskutiert und deren mögliche Entwicklung und Stellenwert in der Zukunft bewusst offengelassen.[144]

Nachdem Strasser Wahrheit, Gleichheit und Würde beleuchtet hat, möchte er dem Leser weitere gesellschaftliche und politische Aspekte näherbringen, welche einen Untergang des Abendlandes, wie ihn Spengler beschrieb, verhindern könnten. Dazu zählten beispielsweise eine Kultur der Toleranz, ein gesundes Verhältnis von Moral und Recht, sowie Vielfalt und Integration in einem sinnvollen Rahmen. Strasser bezeichnet sich, indem er auf diese für ihn entscheidenden Punkte hinweist, selbst als „Anti-Spengler" und sieht daher für die Folge einer Zivilisation mit solchen Werten nicht etwa den Untergang, sondern individuelles Glück.[145]

Zum Abschluss seines Buches rückt der Autor noch die Parteiendemokratie in den Fokus. Zwar sei deren Zukunft auch früher schon in Frage gestellt worden, doch sei dies in der heutigen Zeit ein Alarmsignal. Verstärkt werde dies durch Skepsis gegenüber demokratischen Institutionen und Strömungen, welche die Liberalität ausnutzen, um ebendiese zu beenden. Daher fordert Strasser von der Demokratie ein gutes Fingerspitzengefühl bezüglich der beschriebenen Konflikte und Affekte und ruft allgemein zu wachsamem Bewusstsein auf.[146]

Den Fokus von Strassers „Hundert Jahre Untergang" bildet zweifelsohne Spenglers „Untergang des Abendlandes", bzw. dessen Weltsicht im Allgemeinen. Er nutzt Spengler als Aufhänger, um auf Tendenzen, welche sich unserer Gesellschaft auch heute wieder in den Weg stellen wollen, zu reagieren. Daher versucht er darauf hinzuweisen, dass auf Stimmen, welche wieder vom Untergang des Abendlandes sprechen,

144 Strasser, „*Spenglers Visionen*", 2018. S. 81ff. S. 86f. S. 89ff. S. 92. S. 94f.

145 Strasser, „*Spenglers Visionen*", 2018. S. 97ff. S. 100ff. S. 104f.

146 Strasser, „*Spenglers Visionen*", 2018. S. 106f. S. 109ff. S. 114.

am besten durch die aktive Verteidigung der aufklärerischen Werte reagiert werden kann.[147]

So wie Strasser drohende Gefahren am Beispiel Spenglers Schriften festmacht, geschieht dies in Hararis „Homo Deus" am Beispiel der Verbindung aus KI und Biotechnologie. Beide Autoren möchten den Lesern aufzeigen, dass die beschriebenen Dystopien vermeidbar sind, wenn die Gefahren bekannt sind und dementsprechend bewusst gehandelt werden kann und wird.

Für die Lesart dieses Buches lassen sich zwei Charakteristika festmachen. Den ersten Teil seines Buches nutzt Strasser dafür, Spenglers Denken und Sichtweise zu kommentieren und zu kritisieren. Für diese Kritik nutzt der Autor einzelne Aspekte aus Spenglers Werken, um an diesen beispielhaft die Fehler aufzuzeigen, welche Spenglers Thesen zugrunde liegen. Der zweite Teil dieses Buches jedoch ist weniger direkt auf Spenglers Gedankengut bezogen, sondern soll einen Gegenpol zu diesem darstellen. Verknüpft mit Hinweisen auf die Gefahren, welche herrschen, obwohl oder gerade, weil das Abendland nicht untergegangen ist, möchte Strasser den Leser in seiner Rolle als „Anti-Spengler" erreichen.

Strassers Werk ist also speziell in der zweiten Hälfte Literatur mit Zukunftsbezug. Nicht jedoch eine Vorhersage ebendieser, wie es beispielsweise Spengler für sein zuvor analysiertes Werk behauptet. Genau wie Harari gesteht der Autor von „Hundert Jahre Untergang" die Unfähigkeit ob der Vorhersage der Zukunft ein: „Wir sind keine Propheten, haben kein Wissen um die große Zukunft."[148]

Obwohl beide Autoren, Strasser wie Harari, mit ihren Büchern einen ähnlichen Zweck verfolgen, gehen sie vor allem thematisch einen anderen Weg. Bis auf gemeinsame Warnungen vor Populismus, den Harari aber hauptsächlich in „21 Lektionen für das 21. Jahrhundert" thematisiert, finden sich kaum Punkte, welche einen echten inhaltlichen Vergleich zulassen. Dies ist vor allem auch dadurch bedingt, dass Strassers Gedanken deutlich mehr theoretischer Natur sind als die von Harari, der zumeist einen Bezug zu Gegenwart und Alltag herstellt.

Daher lässt sich als Schlussgedanke festhalten, dass sich die beiden Autoren der Zukunft betreffend keinesfalls widersprechen, sondern ei-

147 BR Kultur (2018). Ortmann, J. & Strasser, P. *Geht das Abendland noch immer unter? 100 Jahre Oswald Spengler.*

148 Strasser, „*Spenglers Visionen*", 2018. S. 94.

nander tendenziell zustimmen. Die beiden Zukunftsbetrachtungen geschehen schlicht auf unterschiedlichen Ebenen und sind daher als einander ergänzend zu betrachten.

5.2.3 Steven Pinker: Aufklärung jetzt: Für Vernunft, Wissenschaft, Humanismus und Fortschritt. Eine Verteidigung (2018)

Steven Pinker wurde 1954 in Montreal Kanada geboren, wo er später auch Psychologie an der McGill University studierte. Seinen PhD machte er im Jahre 1979 an der Harvard University. An dieser Universität ist er heute als Professor der Psychologie tätig. Dass er als einer der einflussreichsten Intellektuellen der heutigen Zeit gilt, zeigt sich nicht nur an zahlreichen Ehrendoktortiteln, sondern auch am großen Erfolg seiner veröffentlichten Bücher.[149] [150]

Sein letztes Werk, welches im Deutschen den Titel „Aufklärung jetzt: Für Vernunft, Wissenschaft, Humanismus und Fortschritt. Eine Verteidigung“, in der Folge kurz „Aufklärung jetzt“ genannt, trägt, bezeichnet beispielsweise Bill Gates als sein „Lieblingsbuch aller Zeiten“.[151]

Dieses Buch, welches die Entwicklung der Welt betrachtet, und deshalb an dieser Stelle als Vertreter der Zukunftsliteratur gewertet wird, gliedert sich in drei Teile. Diese tragen die Titel „Aufklärung“, „Fortschritt“, sowie „Vernunft, Wissenschaft und Humanismus“.

Pinker beginnt sein Buch mit der Frage nach dem Sinn des Lebens. Seine Antwort darauf stützt er auf die Aspekte der Aufklärung, wie zum Beispiel die Entfaltung der eigenen Persönlichkeit, Freude an der Erkenntnis, Mitmenschlichkeit und die Verbesserung der Welt.[152] Darauf folgt ein geschichtlicher Überblick über das Zeitalter der Aufklärung, wobei er deren vier Hauptthemen, bzw. Ideale akzentuiert. Diese seien die Vernunft, die Wissenschaft, der Humanismus und der Fortschritt. Der Autor widmet sich daher deren jeweiliger Definition.[153] Zudem bringt Pinker die Entropie als den Grundstein für das Verständnis der menschlichen Existenz ins Spiel. Daher wird in der Folge der zweite Hauptsatz der Thermodynamik erklärt, wonach der Organisationsgrad

149 Stevenpinker.com (2020). *About Steven Pinker.*

150 Stevenpinker.com (2019). *Steven Pinker – Curriculum Vitae.*

151 GatesNotes (2018). Gates, B. *My new favorite book of all time.*

152 Pinker, "*Enlightenment now*", 2019. S. 3f.

153 Pinker, "*Enlightenment now*", 2019. S. 7ff.

geschlossener Systeme niemals zu-, sondern immer abnähme und dies bis zur völlig ungeordneten Homogenität weitergehe. Bei Organismen handle es sich jedoch um offene Systeme, welche Energie aus Sonnenlicht und Nahrung schöpften und daher der Entropie trotzen könnten. Dieser Kampf gegen die Entropie sei durch die Evolution gestärkt und durch die Nutzung von Informationen koordiniert worden, wodurch ein zielgerichtetes Einwirken auf die Umwelt möglich sei.[154] Diese geschaffene Grundlage benutzt der Autor, um der Welt einen Schicksalscharakter abzusprechen und viel mehr auf die menschlichen Fähigkeiten zu verweisen. Dazu zählten die Abstraktion aus dem Konkreten, die Übertragung abstrakter Konzepte aus anderen Bereichen, schier endlose Kombinationen dieser beiden Fähigkeiten, sowie die Möglichkeit des Teilens von Wissen und der Kooperation durch Sprache und die erst kürzlich entstandene globale Vernetzung.[155]

Darauf aufbauend ergründet Pinker, welche Kräfte den Idealen der Aufklärung entgegenstünden. Dabei stößt er zunächst auf die Strömung der Romantik und deren kleingeistigen Glauben an vermeintlich Größeres, wie Kultur, Rasse, oder Religion. Doch auch in der heutigen Zeit werden gegenläufige Tendenzen ausgemacht und auf Intellektuelle, sowie Teile der Öffentlichkeit hingewiesen, welche den Verfall beschwören würden. Als eine Ursache für diese Sichtweise macht er unter anderem die Berichterstattung der Medien verantwortlich, jedoch auch das Phänomen der Verfügbarkeitsheuristik. Demnach würden Menschen immer das Ereignis für wahrscheinlicher halten, an welches es sich leicht zu erinnern sei, ganz unabhängig von der rein statistischen Wahrscheinlichkeit seines Auftretens.[156]

Der Autor aber legt Wert darauf, auf die spektakulären Fortschritte menschlichen Wohlergehens der letzten zwei Jahrhunderte hinzuweisen, gerade weil diese vielen nicht bewusst seien. Zunächst bedient er sich dabei vier Aspekten, um seine Aussage zu belegen. Als erstes streicht er mit Hinweisen auf den rapiden Anstieg der durchschnittlichen Lebenserwartung in allen Ländern, sowie auf den drastischen Rückgang der Kindersterblichkeit den Fortschritt beim Leben und Überleben an sich heraus. Als zweites behandelt er den Sieg über die Infektionskrankheiten und damit die Rettung von Milliarden von Menschenleben. Als drittes fokussiert er sich auf die Ernährung. Obwohl die

154 Pinker, "*Enlightenment now*", 2019. S. 15. S. 19. S. 21.

155 Pinker, "*Enlightenment now*", 2019. S. 24. S. 26ff.

156 Pinker, "*Enlightenment now*", 2019. S. 29ff. S. 33ff. S. 39f. S. 41f.

Weltbevölkerung in den letzten beiden Jahrhunderten um fünf Milliarden Menschen angestiegen sei, sei gleichzeitig die Unterernährung enorm zurückgegangen. Als viertes thematisiert Pinker den Wohlstand. Einerseits habe sich das Weltsozialprodukt seit der Aufklärung weit mehr als nur verhundertfacht, andererseits sei auch der weltweite Anteil extremer Armut in den letzten zweihundert Jahren von 90% auf etwa 10% zurückgegangen.[157]

Kritiker des angeblichen Fortschritts verwiesen bezüglich der aufgezeigten Erfolge jedoch gerne auf die Ungleichheit der Menschen, sowie die Ausbeutung der Umwelt. Daher werden auch diese beiden Aspekte gefüttert mit Zahlenwerk und Statistiken beleuchtet. Bezüglich der wirtschaftlichen Kluft innerhalb der Menschheit bemerkt Pinker zunächst, dass Einkommensungleichheit streng genommen keine Komponente des Wohlbefindens sei. Dennoch sei deutlich zu erkennen, dass die armen Länder in den letzten Jahrzehnten schneller reich würden als die Reichen. Ebenso seien zwar viele Menschen deutlich reicher geworden, die Armen dadurch aber nicht ärmer. Daraus folgt der Schluss, dass Marktwirtschaft das beste menschengemachte Mittel gegen Armut sei, vor allem wenn zusätzlich noch eine Art von sozialem Ausgleich stattfinde.[158]

Bezüglich der Situation der Umwelt möchte der Autor eine konstruktive Alternative zu herrschendem Radikalismus oder Fatalismus bieten. Auch er erkennt die heutigen Umweltprobleme und den Klimawandel an, geht zu Beginn dieser Abhandlung aber mit Ökopessimisten hart ins Gericht und thematisiert beispielsweise Papst Franziskus und dessen Forderung nach Deindustrialisierung. Gleichfalls werden die Zweifel dieser Bewegung an den Möglichkeiten von Wissenschaft und Technik angeprangert. Daher postuliert Pinker in der Folge für einen Ökomodernismus, welcher die Umweltbewegung der Aufklärung sein könnte. Einerseits müsse dabei eine gewisse Umweltverschmutzung aufgrund des zweiten Satzes der Thermodynamik als unvermeidliche Folge von Wachstum gesehen werden. Andererseits müsse aber auch anerkannt werden, dass Wachstum zu Wohlstand und dieser wiederum zu Umweltbewusstsein führe. Daher schlägt Pinker eine faktenbasierte Bewegung vor, welche Umwelt- und Klimaschutz durch technische Maßnahmen voranbringe. Dazu zählten unter anderem CO_2-Bepreisung, das Binden von CO_2, Geoengineering, aber auch die Kernenergie.[159]

157 Pinker, "*Enlightenment now*", 2019. S. 52. S. 53ff. S. 63 S. 71. S. 81. S. 87.

158 Pinker, "*Enlightenment now*", 2019. S. 98. S. 104. S. 107. S. 114.

159 Pinker, "*Enlightenment now*", 2019. S. 121ff. S. 124f. S. 136. S. 145f. S. 150.

Neben den Vorteilen, welche der Fortschritt schon mit sich gebracht, und den Chancen, die er noch zu bieten habe, wird zudem auch auf den Erfolg der Demokratie, sowie den historischen Rückgang von Homophobie, Rassismus und Sexismus hingewiesen.[160] Die Verweigerer dieses Fortschritts wiesen nichtsdestotrotz aber auf einen weiteren angeblichen Nachteil der Entwicklung der letzten beiden Jahrhunderte hin. Dieser sei durch ein höheres Stresslevel und einen höheren Leistungsdruck als früher gekennzeichnet. Pinker begegnet diesem Denken jedoch einmal mehr mit einem Hinweis auf Wissenschaft und Fakten. So führt er in Bezug auf gestiegene Lebensqualität die hohe Zunahme der Alphabetisierungsrate an und zeigt auf, dass die Wochenarbeitszeit durch den Fortschritt sogar deutlich zurückgegangen sei. Das führe dazu, dass die Menschen in den entwickelten Ländern seit 1950 sogar mehr Zeit mit ihrer Familie verbringen könnten und würden. An diese Darlegung anknüpfend erklärt der Autor den Grund für die Illusion der heutigen Leistungsgesellschaft mit einem Hinweis auf die Optimismus-Lücke. Menschen neigten dazu, ihre eigene Situation und ihr Wohlbefinden positiver als die ihres Umfelds oder der Welt einzuschätzen.[161]

Langfristig gesehen schöpft Pinker jedoch Hoffnung, obwohl in der heutigen Zeit die Bedenkenträger des Fortschritts laut seien. Sei es durch die Prophezeiung einer Machtübernahme durch die KI, Hinweise auf die seit langem präsente Bedrohung durch Nuklearwaffen, oder zumindest die Thematisierung von Donald Trump und seiner Politik, welche die Welt an ihren Untergang treiben würde. Es folgt der Hinweis, dass der demografische Wandel gegen diese Bedenkenträger arbeite. Die Herausforderung an einer Verteidigung des Fortschritts sei jedoch immer gegeben, denn sie liege in seiner heutigen Omnipräsenz und in seinem selbstverständlichen Anschein begründet.[162]

Daher fokussiert sich der Autor in der Folge wieder auf die Ideale der Aufklärung verbunden mit einer Erklärung, wie diese bei der geforderten Verteidigung unseres Fortschritts helfen könnten. Für die Vernunft bemerkt er, dass man Ignoranz nicht mit Unwissen verwechseln dürfe und die Dynamik innerhalb einer Gruppe nicht unterschätzt werden dürfe. Aufgrund dessen müsse in Diskussionen, ob öffentlich oder nicht, die Überzeugung durch Fakten und Logik erreicht werden, auch

160 Pinker, "*Enlightenment now*", 2019. S. 200. S. 214.

161 Pinker, "*Enlightenment now*", 2019. S. 235f. S. 249f. S. 268.

162 Pinker, "*Enlightenment now*", 2019. S. 299. S. 315. S. 336. S. 343f.

um die kognitiven und emotionalen Vorurteile der Irrationalität nicht voranzubringen.[163]

Die Wissenschaft wird gegen verunglimpfende Stimmen verteidigt und betont, dass deren Substanz darin liege, dass sie die ganze Welt als grundsätzlich begreifbar betrachte.[164]

Sein Plädoyer für den Humanismus wiederum baut Pinker mit dem Hinweis darauf auf, dass dem Menschen etwas innewohne, das Impfungen voranbringen und gleichzeitig Biowaffen verbieten möchte. Über die Behandlung des humanistischen Manifests folgt der Schluss, dass der Humanismus über die höchste Form der Moral verfüge, denn er fuße auf dem Glauben an die Menschenrechte.[165]

Der Fokus von Pinkers Buch „Aufklärung jetzt" ist bereits in den Begriffen der Überkapitel enthalten. Es geht darin um die Ideale der Aufklärung, Vernunft, Wissenschaft und Humanismus und den damit verbundenen Fortschritt. Dieser Zusammenhang wird dadurch verdeutlicht, dass sich der erste Teil des Buches hauptsächlich mit Erklärungen und Definitionen der Begriffe beschäftigt. Der dadurch erzielte Fortschritt soll im zweiten Teil mit Beispielen aus vielen Lebensbereichen verdeutlicht werden. Um diesen Fortschritt auch für die Zukunft zu gewähren, wird im letzten Teil von „Aufklärung jetzt" der Fokus auf die Werte und Möglichkeiten von Vernunft, Wissenschaft und Humanismus gelegt und deren aktive Verteidigung gefordert.

Für einen kritischen Leser ist sehr erfreulich, dass zu Beginn des Buches, wie beschrieben, Definitionen und Pinkers Einordnung der thematisierten Begrifflichkeiten zu finden sind. Dies schafft für die darauf aufbauende Abhandlung viel Klarheit und verleiht den Argumentationen und folgenden Beschreibungen Prägnanz. Hinzu kommt, dass alle aufgezeigten Beispiele für Fortschritt mit Zahlen, Statistiken und sonstigen Daten transparent untermauert werden und „Aufklärung jetzt" dadurch erkennbar auf Fakten basiert. Diese Vorgehensweise schafft genau diese Eindeutigkeit und Schärfe, die, wie in einem vorangegangenen Teil dieser Arbeit bemerkt, Hararis „Homo Deus" an einigen Stellen fehlt. Dessen Ausführungen hätten dadurch deutlich an Konkretheit gewonnen und das Buch womöglich noch tiefgehender gemacht.

---

163 Pinker, "*Enlightenment now*", 2019. S. 355. S. 373. S. 377. S. 383.

164 Pinker, "*Enlightenment now*", 2019. S. 389. S. 397f. S. 406.

165 Pinker, "*Enlightenment now*", 2019. S. 410f. S. 416f.

Die Lesart des Buches lässt sich am besten als Appell zur Verteidigung der Ideale der Aufklärung beschreiben. Diese These bestätigt der Autor selbst, indem er bereits auf den ersten Seiten seines Werkes einen Hinweis zu dessen zugrundeliegender Motivation verlauten lässt. Diese liege in seiner Erkenntnis, dass es sich bei den Idealen der Aufklärung auch in der heutigen Zeit um keine Selbstverständlichkeit handle.[166]

Pinker lässt Zweifler und Gegenstimmen durch seine harte, aber durchwegs schlüssige Argumentation nicht zu Wort kommen. Wenngleich an vielen Stellen auf Schattenseiten und Nebenwirkungen des Fortschritts eingegangen wird, werden diese regelmäßig schnell beiseitegeschoben und die positiven Aspekte der Entwicklungen herausgekehrt. An vielen Stellen erinnert eine solche einseitig anmutende Vorgehensweise an den Argumentationscharakter Spenglers. Daher könnte man „Aufklärung jetzt", wenn man „Der Untergang des Abendlandes" als Kulturpessimismus einordnet, polemisch als Vertreter eines Kulturoptimismus bezeichnen.

Wenngleich „Aufklärung jetzt" „Homo Deus" an Stringenz und Klarheit überbietet, hat Hararis Werk dem von Pinker etwas voraus, wenn es um Nachdenklichkeit geht. Durch die Komplexität unserer heutigen Welt, sowie durch die Ungewissheit und Wechselwirkung vieler Entwicklungen, schaffen offene Fragen nicht nur ein Gefühl von Ernsthaftigkeit ob der Zukunft, sondern regen den Leser auch zu eigenen Gedanken an. Ein an ausgewählten Stellen gegebener Denkanstoß, wie ihn Harari zu gegebener Zeit bringt, hätte die Wirkung von Pinkers Appell also unter Umständen sogar verstärken können.

Um das Verhältnis der beiden Bücher „Aufklärung jetzt" und „Homo Deus", bzw. der beiden Autoren zueinander zu betrachten, bietet es sich an, die jeweiligen Auffassungen der Gegenwart und der Zukunft getrennt voneinander zu behandeln.

Als für die Menschheit heute, aber auch in der Zukunft entscheidenden Aspekt betrachten beide Autoren die Gleichheit. Daher wird diese in den beiden Büchern behandelt. Darüber, wie sich diese in der Zukunft entwickeln könnte, herrscht jedoch keine Einigkeit. Harari geht in „Homo Deus", aber auch in „21 Lektionen für das 21. Jahrhundert" davon aus, dass die Menschheit in Masse und Elite aufgeteilt sei und diese Aufteilung nicht etwa aufgeweicht, sondern durch zukünftige

166 Pinker, "*Enlightenment now*", 2019. S. 4.

Entwicklungen noch verstärkt würde.[167][168] Pinker jedoch betont, dass die Menschheit immer gleicher würde und sieht diesen Trend zumindest, wenn die Ideale der Aufklärung weiterhin hochgehalten werden, sich fortsetzen.[169] In dieser Hinsicht unterscheidet sich also die Ansicht beider Autoren bezüglich des Status quo und auch der Zukunft.

Bei vielen anderen Gesichtspunkten, welche die Gegenwart ausmachen, herrscht zwischen den beiden Professoren jedoch große Einigkeit. Dies gilt sowohl für den Sieg über die Krankheiten und den Hunger, als auch für die Überwindung des Krieges und den enormen Anstieg der generellen Lebenssicherheit. Harari betont dieses Merkmal unserer Zeit unter anderem in der Einleitung von „Homo Deus“, bzw. im Kapitel „Krieg“ in „21 Lektionen für das 21. Jahrhundert“.[170][171] Pinker stellt sich diesen Themen in „Aufklärung jetzt“ in den Kapiteln „Gesundheit“, „Ernährung“, „Frieden“ und „Sicherheit“.[172]

Am deutlichsten wird die Tatsache, dass die beiden Autoren in ihrer Gegenwartsauffassung in vielen Punkten übereinstimmen, bei ihren Ansichten zum Terrorismus. Bei dem Punkt, dass der Terrorismus eher einen dramaturgischen, denn einen militärischen Charakter habe und er quasi das Gegenteil einer militärischen Operation sei, zeigt Pinker durch die Erwähnung Hararis als Vertreter dieser Ansicht, dass er dessen Sicht der Gegenwart durchaus zugeneigt ist.[173][174]

So sehr sich die beiden Autoren in ihrer Gegenwartsbetrachtung also ähneln, so unterschiedlich ist deren Auffassung von der Zukunft. Pinker hält die Bewahrung der aufklärerischen Werte und Ideale für herausfordernd, aber machbar und sieht daher die Zukunft als eine Art lineare Weiterentwicklung der Gegenwart. Wenn nur Vernunft, Wissenschaft und Humanismus das menschliche Leitbild weiterhin bestimmten, könnte die Menschheit alle Probleme lösen und den Fortschritt weiter vorantreiben. Dies gelte für den demokratischen Gedanken genauso wie für die Umwelt und daher müsse auch die KI keine Bedrohung darstellen.[175]

167 Harari, „*Homo Deus*“, 2017. S. 413.

168 Harari, „*21 Lektionen für das 21. Jahrhundert*“, 2019. S. 134.

169 Pinker, “*Enlightenment now*”, 2019. S. 104.

170 Harari, „*Homo Deus*“, 2017. u.a. S. 9.

171 Harari, „*21 Lektionen für das 21. Jahrhundert*“, 2019. u.a. S. 270.

172 Pinker, “*Enlightenment now*”, 2019. u.a. S. 62. S. 68. S. 156. S. 167.

173 Pinker, “*Enlightenment now*”, 2019. S. 196.

174 Harari, „*21 Lektionen für das 21. Jahrhundert*“, 2019. S. 257f.

175 Pinker, “*Enlightenment now*”, 2019. S. 122f. S. 200. S. 299.

An diesen drei Aspekten wird der Unterschied zu Hararis Zukunftsbetrachtung klar. Nicht nur, dass er die Zukunft des Liberalismus und damit der Demokratie als ungewiss und eher pessimistisch betrachtet, stellt einen deutlichen Unterschied dar.[176] [177] Auch unterscheidet sich seine Meinung bezüglich der Lösung der drohenden Umwelt- und Klimakatastrophe deutlich von Pinkers positivem und konstruktivem Ansatz.[178] Diese unterschiedlichen Auffassungen setzen sich auch in der Betrachtung der Gefahr, welche die KI mit sich bringen könnte, fort. Was in „Aufklärung jetzt“ relativ knapp behandelt und eher beiseite gewischt wird, ist für Harari im Kapitel „Die Datenreligion“ in „Homo Deus“ eine der entscheidenden Fragen.[179]

Es bleibt festzuhalten, dass Harari trotz seiner Zweifel Pinker nicht widerspricht. Für ihn ist die Entwicklung der Zukunft, auch verknüpft mit der Frage, welchen Stellenwert Vernunft, Wissenschaft und Humanismus in der Zukunft haben werden, nur deutlich ungewisser.

5.2.4 Gerd Leonhard: Technology vs. Humanity (2016)

Gerd Leonhard, 1961 in Bonn geboren, ist studierter Musiker und seit Jahren als Unternehmer und Futurist tätig. Nach eigener Aussage entwickelte er sich in den letzten beiden Jahrzehnten zu einem der gefragtesten „Futurist-Keynote-Speakern“ und veröffentlichte in seiner Rolle als Zukunftsautor im September 2016 das Buch „Technology vs. Humanity“.[180]

Das Werk gliedert sich in zwölf Kapitel und beschäftigt sich dem erweiterten Titel nach mit einer „Zukunft zwischen Mensch und Maschine“. In einer thematischen Hinführung erklärt Leonhard, weshalb es seiner Ansicht nach in den kommenden Jahren zu einem Kampf von „Mensch gegen Maschine“ kommen werde. Dazu führt er die drei Schlüsselbegriffe für den Fortschritt, „exponentiell“, „kombinatorisch“, sowie „rekursiv“ ein und definiert diese. Ergänzt wird diese Einleitung durch allgemeine Überlegungen zu den Chancen und Risiken

---

176 Harari, „*Homo Deus*“, 2017. u.a. S. 362. S. 374.

177 Harari, „*21 Lektionen für das 21. Jahrhundert*“, 2019. u.a. S. 27ff.

178 Harari, „*21 Lektionen für das 21. Jahrhundert*“, 2019. u.a. S. 192ff. S. 201.

179 Harari, „*Homo Deus*“, 2017. u.a. S. 532.

180 Futuristgerd.com (2019). *Gerd Leonhard – Biografie*.

der kommenden technologischen Entwicklung, sowie zum Stellenwert von Moral und Ethik in einer Zukunft, wie er sie sieht.[181]

Dieses Fundament wird genutzt, um darauf aufbauend die Unterschiede von Mensch und Maschine bezüglich Ethik, Realität und Virtualität zu verdeutlichen. Über einen Bezug zum Philosophen und Vordenker McLuhan weist der Autor daraufhin, dass die Technologie aufgrund der menschlichen Bequemlichkeit ihre Werkzeugfunktion verlieren könnte und stattdessen der Mensch zum Werkzeug der Technologie verkommen könnte. Diese Warnung gipfelt darin, dass die Probleme einer solchen Entwicklung die des Klimawandels „[...] 100-fach in den Schatten stellen" könnten.[182]

Den sich manifestierenden Kampf zwischen Mensch und Maschine könnten nach Ansicht Leonhards sogenannte „Megashifts" verstärken, von denen er zehn an der Zahl auflistet und diese jeweils erklärt. Er nennt diese Trends auch riesige evolutionäre Schritte für die Gesellschaft. Von diesen Schritten wird der Schritt der „Automatisierung" im darauffolgenden Kapitel mit Hinblick auf dessen Charakter, Chancen und vor allem dessen Probleme für die Menschheit untersucht. Zunächst beleuchtet der Autor die daraus resultierende, totale Umformung der Ökonomie und dadurch auch des Arbeitsmarktes. Daraufhin werden die Veränderungen, welche sich dadurch auch am Verhalten der Menschen selbst ergeben könnten, betrachtet. Mithilfe einer Wurmloch-Analogie wird beschrieben, wie sich die Menschen der Automatisierung durch Robotik und KI bedienen könnten, um einst menschliche Entscheidungen und Tätigkeiten, wie die der menschlichen Liebesbeziehung, abzukürzen.[183]

Des Weiteren untersucht Leonhard den Technologietrend des Internet of Things (IoT) in Bezug auf dessen Vereinbarkeit mit den Menschen und der Menschlichkeit. Dazu wirft er die Frage auf, ob dieses IoT auch uns Menschen in einfache Dinge verwandeln werde. Insbesondere die mögliche Schaffung eines perfekten „Spionage-Betriebssystem[s]" könnte zu dem Phänomen, welches er „Internet der unmenschlichen Dinge" nennt, führen. Daher greift der Autor in der Folge das zweite Schlagwort des Buchtitels auf, die „Humanität", und fordert globale Regeln, um einer solchen Überwachungspraktik Einhalt zu gebieten und die Menschlichkeit somit zu bewahren.[184]

---

181 Leonhard, "*Technology vs. Humanity*", 2017. S. 8ff. S. 11f. S. 15ff.

182 Leonhard, "*Technology vs. Humanity*", 2017. S. 21f. S. 27f.

183 Leonhard, "*Technology vs. Humanity*", 2017. S. 41ff. S. 57ff. S. 66f. S. 73ff.

184 Leonhard, "*Technology vs. Humanity*", 2017. S. 82–S. 84f.

Anhand einer gedanklichen Reise, welche über die technologischen Stadien „Magie", „Manie" und „Giftigkeit" führt, weist Leonhard auf die Gefahren hin, welche mit der technologischen Revolution einhergingen. Dazu zählten neben der bereits beschriebenen Möglichkeit zur totalen Überwachung auch das Verlernen einstiger menschlicher Kompetenzen, sowie das Abflachen menschlicher Wesenszüge. Die beschriebene Reise endet mit der Feststellung, dass gegenüber den beschriebenen drohenden Gefahren öffentliche Gleichgültigkeit herrsche und einer Anführung möglicher Gründe dafür.[185] Eine weitere Gefahr der Verlagerung der Welt ins Digitale und Virtuelle bestehe zudem im Suchtpotenzial dieser Angebote. Durch die Unterstellung, dass die Anbieter eine Epidemie digitaler Fettsucht zumindest billigend in Kauf nähmen, und es zudem an echten gesetzlichen Regelungen fehle, appelliert der Autor an die Leserschaft, zumindest ihr eigenes digitales Konsumverhalten zu hinterfragen.[186]

Bevor Leonhard den Fokus seines Buches auf das Menschliche und die Ethik lenkt, wird dem Leser das Vorsorgeprinzip und der proaktive Weg technologischer Entwicklung erklärt. Dabei wird betont, dass der sinnvollste Weg wohl zwischen den Extremen liege, auf der einen Seite einer extrem vorsichtigen Abschätzung möglicher Gefahren einer Technologie vor deren Einführung, auf der anderen Seite Technologieeinführung ohne Ergründung deren Risiken.[187]

Der Autor behandelt daraufhin die Frage, ob Technologie glücklich mache und dies überhaupt solle. Indem er das Streben nach Glück als Grundmuster des menschlichen Wesens sieht, bejaht er diese Frage. Über eine Allgemeinkritik am bestehenden Wirtschaftssystem und den Marktmechanismen kommt Leonhard an einen Punkt, an dem er eine Instanz fordert, deren Charakter und Substanz er jedoch (noch) offenlässt. Diese Instanz solle Entscheidungen über den Einsatz neuer Technologien im Hinblick auf den Menschen und die Humanität treffen.[188] Dazu wird in der Folge die Notwendigkeit ethischer Prinzipien für die menschlichen Gesellschaften erörtert und aus dieser Verdeutlichung, sowie der vorherigen Abhandlung über das menschliche Wesen die Gründung eines globalen und digitalen Ethikrates postuliert. Als ethische Leitlinie sollten dabei fünf neue Menschenrechte, beispielsweise das Recht auf Anonymität, für das digitale Zeitalter dienen. Über diese

185 Leonhard, "*Technology vs. Humanity*", 2017. S. 99f. S. 107. S. 111f.

186 Leonhard, "*Technology vs. Humanity*", 2017. S. 122. S. 126.

187 Leonhard, "*Technology vs. Humanity*", 2017. S. 129ff.

188 Leonhard, "*Technology vs. Humanity*", 2017. S. 136. S. 143. S. 147ff.

Rechte wiederum werden 15 Gebote herausgestrichen, welche aufgrund derer zu befolgen wären.[189]

Den Abschluss seines Buches leitet Leonhard durch die Entwicklung möglicher Zukunftsszenarien ein. So sagt er beispielsweise für das Jahr 2020 eine „[...] hypervernetzt[e], automatisiert[e] und supersmart[e] [...]“ Welt voraus, in der Verbrechen digital bekämpft würden und Websites quasi bedeutungslos geworden seien. Wiederum zehn Jahre später, im Jahr 2030, hätten sich Pharmazie und Technologie komplett vereinigt und auch einen Zwang zum Arbeiten gäbe es nicht mehr. Diese entworfenen Szenarien, nach eigener Aussage jeweils teils Himmel, teils Hölle, seien dabei durchaus plausibel und allenfalls zu konservativ.[190]

Ausgehend von dieser projizierten Entwicklung werden neun Grundprinzipien, beispielsweise die Bewahrung der Menschlichkeit, sowie sieben Kernfragen, unter anderem die nach dem Nutzen von Technologie für das allgemeine Menschenwohl, formuliert. Diese Aspekte solle die Menschheit bei ihren Entscheidungen bezüglich neuer Technologien zugrunde legen, um den in diesem Werk dargestellten Bedrohungen gewachsen zu sein. Geschlossen wird dieses letzte Kapitel und somit auch das Buch mit einem Appell an jeden Einzelnen, die Diskussion von „Technology vs. Humanity“ in sein Umfeld zu tragen.[191]

Der Fokus dieses Buches liegt auf den Entwicklungen im Bereich KI und maschinellem Lernen.[192] Zum einen werden die möglichen Ausprägungen des Fortschritts in diesem Bereich konstruiert. Zum anderen werden die damit einhergehenden Gefahren, insbesondere für den Menschen und seine Menschlichkeit, herausgekehrt und zugleich Möglichkeiten ins Spiel gebracht, welche die Technologie und Humanität vereinen könnten.

Damit hat Leonhards „Technology vs. Humanity” denselben Fokus wie Hararis “Homo Deus”. Ein Unterschied besteht jedoch darin, dass Leonhard die Gentechnik, bzw. Biotechnologie seiner Aussage nach aus Zeit- und Platzgründen in seiner Betrachtung der Zukunft ausklammert.[193] Nichtsdestotrotz verfolgt Leonhard, genau wie stellenweise auch Harari, einen transhumanistischen Ansatz in seinem Blick auf die

---

189 Leonhard, “*Technology vs. Humanity*”, 2017. S. 161ff. S. 167. S. 169ff.

190 Leonhard, “*Technology vs. Humanity*”, 2017. S. 179f. S. 188.

191 Leonhard, “*Technology vs. Humanity*”, 2017. S. 193ff. S. 198f. S. 200.

192 Leonhard, “*Technology vs. Humanity*”, 2017. S. 10.

193 Leonhard, “*Technology vs. Humanity*”, 2017. S. 10.

Zukunft. Dabei ist jedoch auffällig, dass Leonhard im Gegensatz zu Harari wiederholt Probleme mit einer schlüssigen Argumentation hat. Ein Beispiel hierfür ist, dass in „Technology vs. Humanity“ sowohl behauptet wird, dass die KI die menschliche Intelligenz um das Tausendfache überflügeln können werde, aber auch ausgeschlossen wird, dass diese jemals dazu in der Lage sein werde, ethische Entscheidungen zu treffen. Ein anderes Beispiel für Widersprüchlichkeit findet sich darin, dass einerseits beschrieben wird, dass sich die Maschinen nicht um den Menschen scheren würden, andererseits jedoch hungrig auf dessen Daten seien.[194]

Die Lesart von „Technology vs. Humanity“ zu bestimmen, ist ein schwieriges Unterfangen, denn Eigenaussagen des Autors stehen dem wahren Charakter des Buches entgegen. Leonhard, der sich selbst als Optimist bezeichnet, möchte mit diesem Buch mögliche technologische Entwicklungen aufzeigen und aufgrund dessen Bewusstsein, Diskussion und Handeln beim Leser erzeugen. Seinen Höhepunkt findet dieses Aufzeigen im elften Kapitel „2030: Himmel oder Hölle?“, in welchem der Autor Zukunftsszenarien für die nächsten Jahre bis 2030 entwirft. Diese seien, wie bereits oben erwähnt, sowohl plausibel, als auch vermutlich zu konservativ.[195]

Folgt man diesen Aussagen des Autors, könnte man meinen, dass es sich bei seinem Werk der Lesart nach um ein Pendant zu Hararis „Homo Deus“ handelt, für welches dieselbe Lesart im vorangegangenen Kapitel festgemacht wurde.

Diese Selbsteinschätzung Leonhards wird jedoch sowohl durch den Inhalt seines Werkes, als auch durch dessen latenten Charakter widerlegt. Kein Optimist würde, um die Notwendigkeit der Besinnung auf menschliche Werte herauszustreichen, eine Bedrohungssituation kreieren, die unter anderem in folgendem Satz gipfelt: „Exponentielle Technologie wird demnächst zu einer Kette von „Atombomben-Problemen“ führen“.[196] Zudem schadet es der Glaubwürdigkeit des Autors und auch der gesamten Funktion des Buches als Konstruktion einer möglichen Zukunft, wenn entworfene Szenarien entgegen ihrer Beschreibung nachweislich weder plausibel, noch konservativ sind. Am besten lässt sich dieser Sachverhalt an Leonhards Blick auf das Jahr 2020 festma-

194 Leonhard, “*Technology vs. Humanity*”, 2017. S. 83. S. 164.

195 Leonhard, “*Technology vs. Humanity*”, 2017. u.a. S. 3. S. 17. S. 179. S. 188.

196 Leonhard, “*Technology vs. Humanity*”, 2017. S. 93.

chen, welches vom Zeitpunkt der Entstehung dieses Buches nur dreieinhalb Jahre entfernt lag. Weder bewegen wir Menschen uns nur noch in völlig personalisierten Inhalten via Augmented Reality oder Holographien, noch wurden menschliche Redakteure massenhaft durch Bots ersetzt, noch verschwinden Websites so schnell wie benzingetriebene Autos.[197] Letzterer Punkt besitzt dabei sogar insofern Wahrheitsgehalt, als dass weder das eine, noch das andere momentan vom Aussterben bedroht ist. Wenn ein Futurist, der nach eigener Aussage sogar vorsichtig agiert, also nicht einmal in der Lage ist, drei Jahre in die Zukunft zu blicken, bedeutet dies für seine Prognosen über die fernere Zukunft nichts Gutes. Verstärkt wird dieses Problem durch einen trotz zahlreicher Quellen stets unwissenschaftlichen Charakter, welcher sich durch das unfundierte Aufstellen von Thesen und möglicher Bedrohungen verstärkt.

Anders also als Hararis „Homo Deus“, der beim Aufzeigen möglicher zukünftiger Entwicklungen unter der Annahme eines großen technologischen Fortschritts stets vorsichtig und nachdenklich wirkte, kommt die Lesart von „Technology vs. Humanity“ deutlich reißerischer daher. Leonhards Annahme, dass im Jahr 2017 Science-Fiction zu Science-Fact wurde, geht in vielen Punkten zu weit.[198] Daher ist die Lesart dieses Buches eher als eine Art Science-Fiction-Werk mit Realitätsbezug und daran anknüpfender Handlungsempfehlung bezüglich der bedrohten Humanität zu sehen.

5.2.5 Peter Drucker: Sein Blick auf die Zukunft (1909–2005)

Peter Drucker wurde 1909 in Wien geboren und verstarb 2005 in Claremont, Kalifornien. Eine von Druckers Stärken war es, die Entwicklung der Gesellschaft des 20. Jahrhunderts zu verstehen. Aufgrund seines 1942 erschienenen Buches „The Future of Industrial Man“, bekam er die Gelegenheit, bei General Motors, dem damals größten Unternehmen der Welt, wissenschaftliche Analysen durchzuführen. Das Ergebnis war ein Konzept, welches die Grundlage für Management als eine wissenschaftliche Disziplin und für dessen heutige Ausprägung legte.[199] Es zeigt sich alleine an dieser Tatsache deutlich, dass Drucker ein Mann war, der die Zukunft und das, was Zukunft bedeutet, verstand.

197 Leonhard, "*Technology vs. Humanity*", 2017. S. 179f.
198 Leonhard, "*Technology vs. Humanity*", 2017. S. 179.
199 Drucker Society of Austria (2009). *Peter Drucker – Biography*.

Daher wird in der Folge Druckers Sichtweise auf die Zukunft mit der von Harari abgeglichen und einige Gedanken Druckers bezüglich der weiteren Entwicklung von Gesellschaft, Wirtschaft und Politik dargelegt.

Drucker vertritt die Meinung, dass es sinnlos sei, die Zukunft vorherzusagen, wenn es um menschliche Angelegenheiten wie Gesellschaft, Wirtschaft, oder Politik gehe. Dies gelte vor allem für Vorhersagen über eine Zeitspanne von einem halben Jahrhundert hinaus. Gleichzeitig weist er jedoch darauf hin, dass es in der Gegenwart sehr wohl bedeutende Ereignisse gebe, welche Aussagen über deren Auswirkungen auf die nächsten beiden Dekaden zulassen. Dies nennt er die „Zukunft, die bereits geschehen ist".[200] Gleichwohl wird von ihm betont, dass es den Menschen der Gegenwart zumeist leichter falle, die Notwendigkeit einer zukünftigen Entwicklung zu sehen, als sich deren Ausprägung vorzustellen.[201]

Damit ist er grundsätzlich derselben Auffassung, wie sie auch Harari in „Homo Deus" teilt. Doch verglichen mit Druckers Behutsamkeit kann man Harari mit seinem Horizont eines ganzen Jahrhunderts und darüber hinaus sogar als gewagt bezeichnen.[202]

Inhaltlich behandelt Drucker in vielen Texten, so auch bei denen, welche die Zukunft betrachten, Themen in Bezug auf Organisationen und Management. So ist dies auch bei dem größten Trend, welchen der Managementpionier in Texten aus den Jahren 1994 bis 2001 für die kommenden Jahrzehnte festmacht. Dieser Trend sei der zur Wissensgesellschaft. Diese sieht Drucker auf die frühere Landwirtschafts-, bzw. die darauffolgende Industriegesellschaft folgen und dadurch Auswirkungen auf Wirtschaft, Soziales und Politik zukommen.

Wissen spiele laut Drucker in der zukünftigen Gesellschaft, also in der Gesellschaft wenige Jahrzehnte nach dem Erscheinungsdatum seiner Schriften, die Schlüsselrolle. Das wirtschaftliche Rückgrat der Ökonomie bildeten dabei Wissensarbeiter. Diese verfügten neben formeller Bildung auch über analytische Fähigkeiten, theoretisches Wissen und die Bereitschaft zu kontinuierlichem Lernen und Weiterbildung. Als

200 Drucker, P. (1998). The future that has already happened. *The futurist, 32*(8), S. 16–18.

201 Drucker, P. (1994). The age of social transformation. *Atlantic Monthly* 274(5), S. 80.

202 Harari, „*Homo Deus*", 2017. u.a. S. 527.

Beispiele hierfür werden unter anderem Computertechniker, Softwaredesigner und Rechtsanwaltsgehilfen genannt.[203] Durch das Wissen als immaterielle Ressource könnten Unternehmen nur immer durch den Mitarbeiter an diese Ressource gelangen. Dadurch habe sich auch die langewährende Abhängigkeit der Mitarbeiter von den Konzernen, wie sie Marx kannte, umgedreht. Verstärkt werde dies durch die Tatsache, dass Mitarbeiter über Pensionsfonds und andere Beteiligungsformen auch selbst zu Kapitalisten, bzw. Miteigentümern wurden.[204]

Durch die Spezialisierung der Einzelnen habe sich jedoch gleichzeitig auch die Betrachtung einer Arbeitseinheit in eine Teamperspektive gewandelt. Hinzu kämen Spezialisten und Berater, welche nicht als klassische Voll- oder Teilzeitkräfte zur Organisation gehörten, und daher anderweitig an das Unternehmen gebunden werden müssten. Denn das Wissen und somit auch der Wissensarbeiter seien mobil, wodurch sich die Konkurrenz zwischen den Konzernen als Arbeitgeber verschärfe.[205]

Gleichzeitig sei durch die Schlüsselressource des Wissens die Weltwirtschaft endgültig global geworden. Dadurch verschärfe sich der internationale Wettbewerb und vormals rein interne Entscheidungen müssten auch im Hinblick darauf getroffen werden. Generell gelte es, sich komparative Vorteile durch die bessere Anwendung von Wissen zu verschaffen, was sich beispielsweise in Form von Qualitätsmanagement-Maßnahmen und Lean Manufacturing niederschlage. Dadurch rücke das Management noch einmal stärker in den Fokus und müsse sich in der Zukunft durch das Zusammenbringen von Menschen, starke Strategie und das aktive Leben von Werten auszeichnen, um Wissen produktiv zu machen.[206] [207]

In sozialer Hinsicht betrachtet Drucker die soziale Stellung der Wissensarbeiter, eine Instanz, welche er sozialen Sektor nennt und die Auswirkungen dieses Trends für ärmere Länder. Für die Menschen, welche durch ihre Ausbildung einen Beruf ausüben können, welcher auf Wissen zurückgreift, hält er gute Nachrichten bereit. Zum einen würden

---

203 Drucker, P. (2001). The next society. *The Economist*, (3. Nov. 2001).

204 Drucker, P. (1994). The age of social transformation. *Atlantic Monthly* 274(5), S. 67ff.

205 Drucker, P. (1994). The age of social transformation. *Atlantic Monthly* 274(5), S. 67ff.

206 Drucker, P. (1994). The age of social transformation. *Atlantic Monthly* 274(5), S. 67ff. S. 76ff.

207 Drucker, P. (2001). The next society. *The Economist*, (3. Nov. 2001).

diese um die Jahrtausendwende einen großen Teil der Bevölkerung ausmachen und auch gut verdienen, zum anderen könnten diese Menschen dadurch in eine gehobene gesellschaftliche und vielleicht auch politische Stellung geraten.[208] [209]

Die gesellschaftlichen sozialen Herausforderungen, welche auch in einer Wissensgesellschaft gegeben seien, sollten nach Meinung Druckers weder durch den Staat, noch durch die Unternehmer gelöst werden. Vielmehr bringt er einen dritten Spieler aufs Feld, den er sozialen Sektor nennt. So bescheinigt er dem Ehrenamt auch für die Zukunft eine große Bedeutung und betont, dass vor allem auch die Wissensarbeiter daran großes Interesse haben könnten. Gleichzeitig wird hervorgehoben, dass auch für diese Organisationen vor allem bei steigender Relevanz für die Gesellschaft gutes und der Zeit angepasstes Management unerlässlich sei.[210]

Hätten Entwicklungsländer in der Vergangenheit versucht, wirtschaftlichen Aufstieg durch billige Löhne in Fabriken zu erreichen, sieht Drucker diese Möglichkeit verstrichen. Für diese Länder läge die einzige Chance für Erfolg in der neuen und globalen Weltwirtschaft genau wie für die bereits erfolgreichen Unternehmen darin, in Wissen und vor allem in die bestmögliche Anwendung dieses Wissens zu investieren.[211]

Von der politischen Ebene fordert Drucker während der andauernden sozialen Transformation Innovationen, auch ihrer selbst. Diese beinhalteten unter anderem eine Neustrukturierung des Bildungssystems, die Fokussierung auf komparative Vorteile und das Überdenken der Rolle des Staates als Instanz des Allgemeinwohls.[212]

Drucker trifft in seinen Artikeln neben allgemeinen Beschreibungen und Forderungen auch einige wenige konkrete Prognosen darüber, wie die Welt in 20 Jahren aussehen könnte. Dadurch, dass dies in den untersuchten Texten in etwa die Jahre 2014 bis 2021 betrifft, können diese Vorhersagen einer Überprüfung unterzogen werden.

208 Drucker, P. (2001). The next society. *The Economist*, (3. Nov. 2001).

209 Drucker, P. (1994). The age of social transformation. *Atlantic Monthly* 274(5), S. 66f.

210 Drucker, P. (1994). The age of social transformation. *Atlantic Monthly* 274(5), S. 72ff.

211 Drucker, P. (1994). The age of social transformation. *Atlantic Monthly* 274(5), S. 61f.

212 Drucker, P. (1994). The age of social transformation. *Atlantic Monthly* 274(5), S. 78ff.

Aufgrund des demografischen Wandels in den entwickelten Ländern wird vermutet, dass das Renteneintrittsalter bis 2010 auf 75 Jahre angestiegen sei. Eine Erhöhung dieser Altersgrenze ist tatsächlich eingetreten und somit ist diese für Deutschland im Jahr 2020, wenn auch nicht auf 75, doch auf 67 Jahre erhöht worden.[213]

Ebenso erkannte Drucker, dass bedingt durch den Abstieg des produzierenden Gewerbes und der Industrie der Protektionismus wieder auf dem Vormarsch sein werde. Diese Aussage trifft angesichts des amerikanischen Protektionismus unter Donald Trump und des Brexits völlig ins Schwarze. Insbesondere auch deshalb, weil Drucker gleichzeitig Lippenbekenntnisse zum Freihandel, sowie regionale Blöcke mit internem Freihandel erahnt.[214]

Am deutlichsten wird jedoch, dass Drucker mit seiner Vorstellung von der Zukunft in vielen Punkten den Kern traf, wenn man noch einmal die behandelte Wissensgesellschaft, bzw. das ihr zugrundeliegende Wissen aufgreift. Dieses beschränkt er nämlich nicht nur auf die theoretischen Kenntnisse und analytischen Fähigkeiten in den Köpfen der Mitarbeiter. Vielmehr prophezeit er im Zuge dessen auch, dass der unternehmerische Bedarf nach Information enorm steigen werde. Seien bislang hauptsächlich interne Daten analysiert worden, würden diese Analysen zunehmend nach außen gerichtet sein, um etwa wirtschaftliche Entwicklungen besser abschätzen und neue Chancen und Risiken schneller erkennen zu können. Er schreibt dazu: „Die Entwicklung rigoroser Methoden zur Erfassung und Analyse externer Informationen wird zunehmend zu einer großen Herausforderung für Unternehmen und Informationsexperten."[215] Bis auf die Tatsache, dass durch solche Methoden gleichwohl auch die Individuen, die Gesellschaft und die Politik betroffen sind, hat dieser Satz beinahe hellseherischen Charakter und könnte so ähnlich auch in Hararis „Homo Deus" stehen.

Betrachtet man sowohl Hararis, als auch Druckers Sicht auf die Zukunft und berücksichtigt, dass zwischen den untersuchten Texten beider Autoren circa 20 Jahre liegen, fällt ein Resümee zu deren Verhältnis zueinander eindeutig aus. Beide Autoren sehen Wissen und dessen Anwendung als den entscheidenden Aspekt für die nächsten Jahrzehnte und vielleicht sogar das gesamte Jahrhundert. Ebenso fordern deshalb beide

---

213 Drucker, P. (1998). The future that has already happened. *The futurist, 32*(8), S. 16–18.

214 Drucker, P. (2001). The next society. *The Economist*, (3. Nov. 2001).

215 Drucker, P. (1998). The future that has already happened. *The futurist, 32*(8), S. 16–18.

Autoren, dass die politische Ebene durch Innovationen auf die beschriebene Entwicklung reagiere. Der größte Unterschied zwischen den beiden Autoren zeigt sich im betrachteten Zeithorizont, was ein Grund dafür ist, dass Hararis Gedanken deutlich unschärfer wirken als die Druckers.

5.2.6 Fazit

Nachdem in den vorangegangenen Unterkapiteln bereits jeweilige Fazits und Vergleiche zu Hararis „Homo Deus" dargelegt wurden, folgt unter diesem Abschnitt eine allgemeine Feststellung dieses Literaturvergleiches. Das Ziel ist, den Stellenwert und Charakter Hararis Werkes und seiner generellen Sicht auf die Zukunft einschätzen zu können.

Bezüglich des wissenschaftlichen Anspruchs gepaart mit dessen Schreibweise lässt sich festhalten, dass Harari essayistischer als andere Autoren erzählt und das akademische Niveau des „Homo Deus" in etwa auf dem mittleren Niveau der anderen untersuchten Werke liegt. Durch die lebhafte, wenngleich überlegte Erzählweise gelang es Harari, ein populärwissenschaftliches Werk, das zu fundierten Diskussionen führen kann, zu schaffen. Somit ist der Zweck des „Homo Deus" erfüllt. Diese Einschätzung deckt sich zudem mit den Ergebnissen der durchgeführten Leser- und Expertenbefragung (sh. Frage 4).

Hararis Herangehensweise, eine die Zukunft bestimmende Entwicklung in den Fokus zu stellen, und deren Auswirkung auf allerlei verschiedene gesellschaftliche, wirtschaftliche und persönliche Bereiche zu untersuchen, findet sich in beinahe allen untersuchten Beispielen in schwächerem oder stärkerem Maße. Zwar wird dadurch die Möglichkeit geschaffen, einen womöglich die Zukunft bestimmenden Aspekt ausführlicher und in mehr Tiefe zu behandeln, doch birgt dies auch eine Gefahr. Andere ebenfalls wichtige Aspekte werden dabei maximal gestreift, wenn nicht gar ausgeklammert und der Blick des Lesers wird dadurch unter Umständen verengt.

Bezüglich der Zuversichtlichkeit, mit welcher die Zukunft betrachtet wird, liegt Harari ebenfalls im Mittelfeld. Sehen zum Beispiel Spengler und Leonhard die Zukunft als nicht wünschenswertes Konstrukt, Pinker und Drucker ihr jedoch eher hoffnungsfroh entgegen, wählt Harari auch hierbei den Mittelweg. Für ihn ist die menschliche Entwicklung grundsätzlich vorgezeichnet, doch deren Auswirkung auf den Menschen bei allen Chancen und Gefahren weder rein positiv noch rein negativ konnotiert.

Gleichermaßen auffällig ist, dass die Mehrzahl der untersuchten Denker und Autoren Hararis Meinung vertreten, dass eine Vorhersage der Zukunft sinnlos sei. Wenngleich beispielsweise Spengler explizit von einer Voraussagung spricht und Leonhard konkrete Szenarien mit Zeitplan entwirft, pflichten Pinker, Strasser und Drucker Harari bei. Somit sind deren Gedanken genau wie „Homo Deus“ als Blick auf Möglichkeiten für die Zukunft, nicht aber als Blick in eine konkrete Zukunft zu verstehen. Durch die Appelle zum Nachdenken, Diskutieren und Handeln, welche an vielen Stellen der untersuchten Texte an die Leser gerichtet werden und Druckers Feststellung, dass es in der Gegenwart durchaus Ereignisse gebe, welche die Zukunft greifbar werden ließen, wurde in der durchgeführten Analyse deutlich, was viele der großen Denker unserer Zeit unter Zukunft verstehen.

6. Diskussion

6.1 Kritik an Hararis Dataismus

In diesem Kapitel wird der Dataismus, wie ihn Harari sieht und beschreibt, kritisch untersucht. Der Inhalt des entsprechenden Kapitels wurde im vorangegangenen Kapitel zur Theorie ausführlich dargelegt. In einer kritischen Analyse wird die Strömung des Dataismus zunächst allgemein betrachtet. Daraufhin wird überprüft, ob und inwiefern Hararis Darstellung dieser Strömung mit diesem Kenntnisstand übereinstimmt, sich davon unterscheidet, oder darüber hinausgeht. Kombiniert wird diese Überprüfung mit kritischen Betrachtungen zu einzelnen Aspekten in Hararis Form dieser Weltsicht.

Bevor in diese Diskussion eingestiegen werden kann, muss jedoch noch eine Bemerkung gemacht werden: Der Dataismus, bzw. dessen kritische Analyse hat einen Stellvertretercharakter. Hararis Hypothese zum Siegeszug des Dataismus wird exemplarisch untersucht. Analog dazu könnte eine solche Analyse auch mit anderen Themen, bzw. Themenbereichen aus „Homo Deus" durchgeführt werden.

Das Phänomen des Dataismus, vor allem aber dessen Terminus ist relativ jung. Daher lohnt sich bei einer allgemeinen Analyse der dataistischen Strömung der Blick auf Quellen, welche schon vor Hararis „Homo Deus" erschienen sind. Ziel dessen ist es, in dieser Erörterung eine Prägung der Charakteristik dieser Bezeichnung, sowie der Strömung als solches durch Hararis Buch auszuschließen.

Entstanden ist das Wort „Dataismus", bzw. das englische Wort „dataism" oder auch „data-ism", erst im Jahr 2013 durch den *New York Times*-Autoren David Brooks, seines Zeichens Historiker und Journalist.[216][217] Dieser verwendete die Bezeichnung in einem im Meinungsteil

216 The New York Times (2013). Brooks, D. *The Philosophy of Data.*

217 PBS Newshour (2014). *David Brooks – Biography.*

dieser Zeitung erschienenen Artikel über den Aufstieg einer datenbasierten Philosophie. Ein entscheidender Aspekt der heutigen Zeit sei es nämlich, dass die Möglichkeit zur Sammlung großer Datenmengen bestehe. Daraus folgten herausragende Chancen für die Zukunft, sofern die „kulturellen Voraussetzungen" dies erlaubten. Dazu zählt der Autor beispielsweise die Transparenz dieser Daten, sowie ein Herausfiltern jeglicher Emotionalität und Ideologie. Diese Chancen könnten zum einen darin liegen, den Menschen aufzuzeigen, wann ihre Intuition falsch sei. Zum anderen gäbe es die Möglichkeit, Muster zu erkennen, die für den Menschen verborgen seien. Diese Datenrevolution könnte darin münden, dass wir Menschen unsere Vergangenheit und unsere Gegenwart besser verstünden. Vorsätzlich offengelassen wird jedoch, ob und in wie weit sich dadurch auch die Zukunft vorhersagen ließe.[218]

In diesem vielbeachteten Artikel hat Brooks eine Bezeichnung für diese Strömung geschaffen. Diesen Terminus griff im Jahr 2015 auch der Journalist und Pulitzer-Preisträger Steve Lohr mit seinem Buchtitel „Data-ism", einer Abhandlung zum Stand von „Big Data" und deren möglicher Zukunft, wieder auf und etablierte es endgültig.[219] Den Dataismus beschreibt Lohr in diesem Buch als eine Philosophie darüber, wie in der Zukunft Entscheidungen getroffen würden, oder getroffen werden sollten. Dessen Herzstück sieht er als eine Kombination von KI, maschinellem Lernen und mächtigen Algorithmen. Schritte auf dem Weg in eine solche Zukunft lägen darin, dass Firmen Daten in den Vordergrund rückten und das Consumer Internet um ein Industrial Internet ergänzt werde, bzw. sich dahin entwickle. Darauffolgend wird der Leser hingewiesen, dass neue Technologien utopisches, wie dystopisches Denken in gleichem Maße mit sich brächten, wobei aber der Enthusiasmus des Autors überwiegt. Ebenfalls bemerkenswert ist, dass Lohr in diesem Werk stillschweigend darauf hinweist, dass es sich beim Dataismus um keine eigenständige Kraft handle. Gerade deshalb sieht er die Elite in der Pflicht, noch bevor es dafür zu spät sei, entsprechende Rahmenbedingungen zu schaffen.[220]

---

218 The New York Times (2013). Brooks, D. *The Philosophy of Data.*

219 Lohr, „*Data-ism*", 2016.

220 Lohr, „*Data-ism*", 2016. S. 3. S. 132ff. S. 207ff. S. 213ff.

Auch die niederländische Professorin für Medien und digitale Gesellschaft, José van Dijck, übernahm in einem beachteten Paper den Begriff des „Dataismus".[221] [222] Ihre Abhandlung trägt den Titel „Datafication, Dataism and Dataveillance: Big Data Between Scientific Paradigm and Ideology". Darin werden diese drei Schlüsselbegriffe, sowie deren Verhältnis zueinander im jeweiligen Kontext erklärt. Sei die Datafizierung die Quantifizierung sozialer Aktionen durch Online-Metadaten, so sei der Dataismus der Glaube an deren Objektivität und Potential.[223] [224] Dadurch seien diese Metadaten das wichtigste Rohmaterial der Zukunft und die Unternehmen befänden sich in einem Wettlauf darum. Die Autorin hat jedoch Zweifel an ebendieser Objektivität der quantitativen Methoden, da diese zumeist auf verschiedene Arten und Weisen interpretiert werden könnten und der Erhebung selbst in der Regel ein Zweck vorausgehe. Durch die immer steigende Relevanz besagter Daten sei es demnach wichtig, dass die beteiligten Institutionen – Staat, Unternehmen und Wissenschaft – einen verantwortungsvollen Umgang damit bewiesen und das Vertrauen der Bürger in diese Institutionen und deren Umgang mit Daten und Privatsphäre bestätigt werde.[225]

Zu den eben analysierten, zum Zeitpunkt der Veröffentlichung Hararis Buches bereits veröffentlichten Quellen, werden außerdem Hararis eigene Referenzen untersucht, auf welchen er seine Schilderung des Dataismus aufbaut. Bemerkenswert beim Studium dieser zugrundeliegenden Papers und Bücher ist, dass Harari dabei auf Werke, welche den Dataismus zum Thema haben, oder aber ihn beim Namen nennen, verzichtet. Vielmehr stützt er sich auf Quellen, welche Daten, Information und Technologie aus einer allgemeineren Perspektive betrachten.

Beispielhaft für eine solche Quelle kann Kevin Kellys 2010 erschienenes Buch „What Technology Wants" gesehen werden. Darin stellt sich der Autor zunächst die Frage, was der Technologie-Begriff umfasse, und beantwortet sie mit der Schöpfung eines neuen Wortes:

---

221 Universiteit Utrecht (2019) *Prof. dr. José van Dijck.*

222 Universiteit van Amsterdam (2014). *mw. Prof. dr. J.F.T.M. (José) van Dijck.*

223 Cukier, K., & Mayer-Schoenberger, V. (2013). The rise of big data: How it's changing the way we think about the world. *Foreign Aff.*, 92. S. 28ff.

224 Van Dijck, J. (2014). Datafication, dataism and dataveillance: Big Data between scientific paradigm and ideology. *Surveillance & society*, 12(2), 197–208.

225 Van Dijck, J. (2014). Datafication, dataism and dataveillance: Big Data between scientific paradigm and ideology. *Surveillance & society*, 12(2), 197–208.

„Technium". Dies beinhalte neben klassischer Technologie auch Kultur, Kunst und andere menschliche Schöpfungen. Besonders dessen selbstverstärkende Wirkung hebt der Autor dabei hervor. Genau wie beim natürlichen Leben sieht Kelly auch das „Technium" einem evolutionären Prozess unterstellt, welcher in diesem Fall von drei Kräften bestimmt werde. Diese seien die physikalischen Gesetze, die Geschichte und die Kraft freien menschlichen Willens. Dieser freie Wille sei es letztendlich, der der Menschheit, trotz aller Eigendynamik und Selbstständigkeit des „Techniums", weiterhin die Kontrolle belasse. Daher sei eine bewusste und methodische Bewertung neuer Technologien unerlässlich.[226]

Eine weitere wichtige Stütze für Hararis Kapitel über den Dataismus stellt César Hidalgos Werk „Why Information Grows" dar, welches 2015 erschien. Darin geht der Autor davon aus, dass das Universum aus Materie, Energie und Information bestehe. Er erkennt darin, dass die Information jedoch Schwierigkeiten in ihrer Entstehung durch ihren Kampf gegen die Entropie habe. Eine weitere Herausforderung für den Fluss und das Sammeln von Information stelle die menschliche Aufnahmekapazität dar. Das menschliche Nervensystem begrenze die Menge aufnehmbaren Wissens. Dadurch sieht Hidalgo einen entscheidenden Faktor für den Erfolg der menschlichen Spezies, unter anderem aber auch für das Wirtschaftswachstum in der menschlichen Fähigkeit, Wissen in kollaborativen menschlichen Netzwerken zu speichern und auszutauschen. Ergänzt werde dies durch die menschengeschaffene Möglichkeit, sogenannte „Kristalle der Vorstellungskraft" zu erschaffen. So bezeichnet der Autor das externe Speichern von Information, welches den Zugriff anderer Menschen auf diese Information erlaube.[227]

Wenn man nun also den 2016 vorhandenen Status quo zum Thema Dataismus betrachtet, lässt sich zusammenfassend folgendes festhalten: David Brooks war der Schöpfer des Wortes „Dataismus".[228] [229] Dieser Begriff war zu diesem Zeitpunkt literaturübergreifend ein Ausdruck für eine datenbasierte Philosophie, welcher alle untersuchten Autoren eine steigende Bedeutung zuweisen. Das Mittel dieser Philosophie sei eine Quantifizierung des Lebens, welche zum großen Ziel, dem Treffen von

226 Kelly, "*What Technology Wants*", 2011. S. 11f. S. 182f. S. 186f. S. 217ff.

227 Hidalgo, "*Why Information Grows*", 2016. S. 43ff. S. 81f. S. 175ff. S. 179ff.

228 The New York Times (2013). Brooks, D. *The Philosophy of Data.*

229 Lohr, „*Data-ism*", 2016. S. 3.

Lebensentscheidungen, führe. Dem Menschen wird jedoch grundsätzlich ein Einfluss darauf unterstellt, ob und in welchen Bereichen er den Dataismus gewähren lasse.[230 231 232]

Wie bereits eingangs dieses Kapitels dargelegt, baut Harari seine Beschreibung des Dataismus nicht auf Abhandlungen über diesen selbst auf. Vielmehr konstruiert er sich gestützt und inspiriert durch Quellen, welche Daten in einem allgemeineren Kontext betrachten, seine eigene Sichtweise dieser Strömung. Daher wird in der Folge überprüft, in welchen Punkten Harari mit der bis dato aktuellen Sicht zu diesem Thema übereinstimmt, dieser widerspricht, oder darüber hinausgeht.

Das betreffende Kapitel beginnt mit einer Definition, sowie einer Einordnung des Begriffs des Dataismus: „Dem Dataismus zufolge besteht das Universum aus Datenströmen [...]. [Diese Strömung hat] bereits einen Großteil des wissenschaftlichen Establishments erobert.“[233] Sowohl die Interpretation des Begriffs „Dataismus“, als auch die Relevanz dieses Themas decken sich weitestgehend mit der Einschätzung anderer Autoren.

Eine weitere Parallele zur gängigen Auffassung über den Dataismus, findet sich in Hararis Auffassung bzgl. eines der dataistischen Ziele. Durch die Sammlung und Analyse von Daten könnten Algorithmen den Menschen in Zukunft die Entscheidungsfindung abnehmen. Diese Algorithmen würden nicht nur die zu treffenden Entscheidungen selbst, sondern sogar die zugrundeliegenden Ursachen kennen. Daher verlange der Dataismus vom Menschen: „Hör auf die Algorithmen!“[234]

Literaturübergreifend gilt auch die Auffassung, dass der Dataismus zum Erreichen des beschriebenen Ziels vor allem auf eine große Menge von Daten angewiesen sei. Van Dijck und Lohr etwa nennen zu diesem Zweck die Relevanz von Daten in sozialen Netzwerken, oder aber den Aufbau eines „Industrial Internet[s]“.[235 236] Auch in „Homo Deus“ weist der Autor auf die Bedeutung des Teilens von Lebensdaten auf Online-Plattformen hin. Harari begnügt sich jedoch nicht mit einem „Industrial

230 The New York Times (2013). Brooks, D. *The Philosophy of Data.*

231 Lohr, „*Data-ism*“, 2016. S. 3.

232 Van Dijck, J. (2014). Datafication, dataism and dataveillance: Big Data between scientific paradigm and ideology. *Surveillance & society*, 12(2), 197–208.

233 Harari, „*Homo Deus*“, 2017. S. 497.

234 Harari, „*Homo Deus*“, 2017. S. 530ff.

235 Van Dijck, J. (2014). Datafication, dataism and dataveillance: Big Data between scientific paradigm and ideology. *Surveillance & society*, 12(2), 197–208.

236 Lohr, „*Data-ism*“, 2016. S. 134ff. S. 137ff.

Internet", sondern spricht von einem „Internet aller Dinge". Die Schaffung eines solchen allumfassenden Netzwerkes sieht der Autor jedoch, anders als beispielsweise Lohr, nicht unbedingt als Mittel zum Zweck, sondern vielmehr als den Zweck des Dataismus selbst.[237]

Auch Harari erkennt für den Dataismus die Notwendigkeit einer ordnenden Instanz an. Er bemängelt das Fehlen von global gültigen Regeln bezüglich des Internets und des Umgangs mit Daten. Entgegen der gängigen Meinung spricht er einem politischen, vor allem aber einem demokratischen Prozess, welcher das Internet aus seinem Rechtsvakuum befreien könnte, jeglichen Realismus ab. Die durch die „Datenflut" hervorgerufene Komplexität des Systems und die Paarung mit politischer Trägheit führt er dabei unter anderem als Gründe an.[238]

Weitere oftmals betrachtete Aspekte des Dataismus sind dessen Selbstständigkeit und Unabhängigkeit. Zumeist wird der Dataismus und all die Möglichkeiten, die er mit sich brächte, eher als Werkzeug betrachtet, welches in verschiedenen Bereichen zum Einsatz kommen könnte. Beeinflusst werde dessen Charakter und Umfang durch die Absichten der Profiteure dieser datenbasierten Philosophie – seien es Unternehmen, Wissenschaft, Staat oder der private Nutzer datengespeister Algorithmen.[239] Gerade Lohr weist durch seine auf Geschichten natürlicher Personen fixierte Erzählweise darauf hin, dass man unter dem Dataismus keine autonome Kraft verstehen sollte. Harari jedoch stellt diese Sichtweise auf den Kopf. Er sieht den menschlichen Einfluss auf den Dataismus darin, dass der Mensch nur den Samen für dessen „Ausgangsalgorithmus" säen werde, oder aber bereits gesät habe. Dessen weitere Entwicklung könnte aber weder vom Menschen beeinflusst, noch generell kontrolliert werden. Es entständen unabhängige „neuronale Netzwerke", deren Dynamik durch maschinelles Lernen und Selbstverbesserung bestimmt würde.[240] Damit orientiert er sich stark an Kellys Prognose, wonach das „Technium" durch die Verbindung des menschlichen Verstandes dem Universum ein Selbstbewusstsein verleihen würde.[241] Harari übersieht dabei jedoch das zuvor von Kelly eingeführte Modell über die Evolution des „Techniums". Darin findet sich der menschliche freie Wille als Einflussfaktor wieder. Führt man diese

---

237 Harari, „*Homo Deus*", 2017. S. 514f. S. 523.

238 Harari, „*Homo Deus*", 2017. S. 506f.

239 Van Dijck, J. (2014). Datafication, dataism and dataveillance: Big Data between scientific paradigm and ideology. *Surveillance & society*, 12(2), 197–208.

240 Harari, „*Homo Deus*", 2017. S. 521. S. 531.

241 Kelly, "*What Technology Wants*", 2011. S. 355ff.

Kette also fort, hat der Mensch durchaus Einfluss auf das beschriebene Selbstbewusstsein des Universums und somit sind weder der Dataismus als „Technium“, noch das durch den Dataismus geschaffene „Internet aller Dinge“, welches dem selbstbewussten Universum entspricht, eine vollständig autonome Kraft.[242]

Als Zwischenstand für diese Analyse lässt sich festhalten, dass Harari in seiner Abhandlung über den Dataismus viele Aspekte beleuchtet, zu denen sich auch andere Wissenschaftler und Autoren ihre Gedanken gemacht haben und dabei teilweise auch deren Ansichten teilt. Vor allem bezüglich der Autonomie der dataistischen Entwicklung steht seine Einschätzung aber in klarem Widerspruch zum gängigen Meinungsbild. Den deutlichsten Widerspruch findet man jedoch in den Punkten, welche in diesem Zusammenhang ausschließlich von Harari ins Spiel gebracht werden. Dazu zählen die Begriffe der Religion und des Humanismus, sowie die Tatsache, wie er diese Begrifflichkeiten verbindet und vermischt.

Ihren Anfang nimmt diese Besonderheit in seiner Perspektive auf das Thema schon mit dem Titel des Kapitels, welcher den Dataismus als „Datenreligion“ bezeichnet. Dies unterscheidet sich von der gängigen nüchternen Betrachtungsweise des Dataismus als reine Philosophie erheblich. Harari aber sieht dies anders und sagt allgemeingültig: „Wie der Kapitalismus begann auch der Dataismus als neutrale wissenschaftliche Theorie, doch nun mutiert er zur Religion, die für sich in Anspruch nimmt, über richtig und falsch zu bestimmen.“ Er begründet dies durch die Aussage: „Dieses kosmische Datenverarbeitungssystem wäre dann wie Gott. Es wird überall sein und alles kontrollieren, und die Menschen sind dazu verdammt, darin aufzugehen.“ Zudem sieht er einen religiösen Charakter der Strömung durch die Kombination von Prophezeiungen und Geboten, sowie der Einführung des neuen Wertes der Informationsfreiheit.[243]

Hierbei wird sogleich das Problem an Hararis Darstellung klar, wie auch Prof. Mirow erkennt.[244] Harari schafft nämlich weder zu Beginn dieses Kapitels, noch im Verlauf des gesamten Buches eine wirklich klare Vorstellung darüber, was er unter Religion versteht, bzw. was seiner Meinung nach darunter im Allgemeinen zu verstehen sei. Würde man die eben angeführten, argumentierenden Textstellen als eine Art

242 Kelly, “*What Technology Wants*”, 2011. S. 355ff.

243 Harari, „*Homo Deus*“, 2017. S. 515ff.

244 Appendix. Leser- und Expertenbefragung. Prof. Dr. Mirow.

solch benötigten Fundaments verstehen, sind diese wenigstens unzureichend. Religion zeichnet sich immer durch einen ganzen Wertekodex aus und basiert nicht auf einem einzigen solchen Wert. Religion hat immer eine Funktion und ist kein reiner Selbstzweck. Sie soll das Überleben und Zusammenleben der Gemeinschaft durch das Bereitstellen einer Handlungsanleitung sichern. Die vom Autor angeführten Gebote, den Datenfluss zu maximieren und alles mit dem „Internet aller Dinge" zu verbinden, erfüllen aber bei weitem nicht diese Eigenschaft. Es fehlt ihnen an jeglicher moralischer Grundlage und Auswirkung. Die Argumentation, dass letztlich „[...] alle guten Dinge [...] von der Informationsfreiheit abhängen [...]" ist an dieser Stelle nicht stichhaltig genug, wenn nicht sogar mit logischem Fehler.[245]

Parallel zur Religion beschäftigt sich Harari mit dem Verhältnis des Dataismus zum Humanismus. Den Dataismus bezeichnet er, wie bereits im Kapitel über den theoretischen Hintergrund dargelegt, weder als humanistisch, noch als antihumanistisch und betont, dass in dieser Strömung menschliche Erfahrungen anerkannt würden, jedoch ohne Wertung.[246]

Genau wie bei dem Begriff der Religion, versäumt es Harari aber auch beim Humanismus, dem Leser durch eine klare Begriffsdefinition an dieser Stelle einen passenden geistigen Unterbau zu legen. Dies wäre insbesondere deshalb ratsam gewesen, weil Harari im Laufe seiner Werke den Humanismus immer wieder neu und immer wieder anders begreift. Vor allem die von Harari vertretene Auffassung, dass der Humanismus den Menschen zum neuen Gott verkläre, sollte in einem solchen Kontext äußerst kritisch hinterfragt werden.[247] Im Abschnitt über den Dataismus schreibt Harari in „Homo Deus" wortwörtlich von der Anbetung des Menschen, bzw. von „Fleisch und Blut".[248] Die gewählte Humanismus-Darstellung wirkt in diesem Kontext nicht nur befremdlich, sondern lässt sich mit einem Bild vom Humanismus, wie es beispielsweise Erasmus von Rotterdam vertrat, nicht vereinbaren. Ebenso wird dem Humanismus die Rolle zu Teil, als moralischer Leitfaden zu dienen, indem dieser bei jeder Entscheidungsfindung auf die menschlichen Gefühle verweise. Indem er den Algorithmen aber unterstellt, ebendiese Gefühle besser als wir selbst zu kennen, stünden deren Entscheidungen auf derselben Grundlage und hätten denselben Bezug zur

245 Harari, „*Homo Deus*", 2017. S. 516. S. 519.

246 Harari, „*Homo Deus*", 2017. S. 524.

247 Harari, „*Eine kurze Geschichte der Menschheit*", 2015. S. 137. S. 418.

248 Harari, „*Homo Deus*", 2017. S. 137 S. 516.

Moral.[249][250] Es zeigt sich also, dass Harari die Vorstellung über die Verortung der moralischen Grundlage des Humanismus auf den Dataismus überträgt. Entscheidend wäre an dieser Stelle jedoch eine andere, tiefgreifendere Betrachtung – egal, ob man den Dataismus als Weiterentwicklung des Humanismus, als eine den Humanismus ersetzende, oder als eine den Humanismus ergänzende Strömung betrachtet. Wie kann eine echte moralische Grundlage aussehen und wo kann diese verankert werden, um gleichermaßen Menschen wie Algorithmen einen wünschenswerten Handlungsrahmen abzustecken? Diese Basis kann sicherlich nicht ausschließlich in den Emotionen und Wünschen einer theoretisch unbegrenzten Menge an Individuen mit zumeist konkurrierenden Interessen liegen. Dabei wird sogar noch außer Acht gelassen, dass alle Akteure – Individuen, Unternehmen, Staaten – welche entweder die Saat für den Dataismus legen oder ihn aber kontinuierlich beeinflussen werden, von Natur aus auf ihren eigenen Vorteil bedacht sind. Auch würde keiner dieser Akteure, in welchem Maße auch immer, vor Manipulation der Algorithmen zurückschrecken, um den eigenen Vorteil zu vergrößern. Harari hätte an dieser Stelle deutlich machen sollen, dass der Humanismus ein größeres moralisches Fundament darstellen kann als die Aspekte, auf welchen er ihn reduziert. Dazu hätte er auf den Wertekanon der Aufklärung, Kants kategorischen Imperativ, das Glück der größten Zahl, oder zumindest die menschliche Fähigkeit zu Empathie Bezug nehmen können.

Das eben beschriebene Fehlen dieser Grundlage für moralische Werte könnte noch einen weiteren Grund haben. Die gesamte Idee eines „Homo Deus“ hat transhumanistische Züge. Somit ist Harari der erste Denker, der den Dataismus mit diesem Kleid versieht. Der Transhumanismus selbst hat seine Wurzeln im rationalen Humanismus. Je nach Strömung innerhalb des Transhumanismus, wird auch Nietzsche und seine Idee des „Übermenschen“ als geistige Grundlage dieser philosophischen Strömung gesehen. Überspitzt könnte man das Ziel dieser philosophischen Bewegung auch mit Weiterentwicklung des Menschen um jeden Preis beschreiben. Hierfür werden Werte zugrunde gelegt. Weshalb diese Entwicklung gefordert wird und worauf die herausgegriffenen Werte beruhen, begründen die Transhumanisten aber

249 Harari, „*Homo Deus*“, 2017. S. 528ff.

250 Harari, Y. N. (2017). Dataism is our new god. *New Perspectives Quarterly*, *34*(2), 36–43.

nicht.[251] [252] Daher schließt sich an dieser Stelle der Kreis zum Dataismus nach Harari und dessen unzureichendem moralischen Fundament.

Nachdem bereits Hararis Darstellung des Dataismus kritisch überprüft wurde, folgt nun eine Kritik an der Strömung des Dataismus selbst. „Eine kritische Überprüfung des dataistischen Dogmas [...]“ ist laut Harari selbst die „[...] vermutlich [...] größte wissenschaftliche Herausforderung des 21. Jahrhunderts [...]“ und wohl auch das „[...] drängendste politische und ökonomische Projekt“.[253] An dieser Stelle werden die Einwände jedoch kurzgehalten und auch auf nur drei Punkte beschränkt.

Einerseits ist, wie Harari selbst feststellt, noch unklar, ob sich das Leben auf „Datenverarbeitung und Entscheidungsfindung“ und Organismen auf „Algorithmen“ reduzieren lassen.[254] Ein Weg, um diese Frage zu entschlüsseln, wird sicherlich über Forschung und Arbeit in Laboren und Rechenzentren von Biotechnologie- und Internetunternehmen führen. Ein anderer Weg, um der Antwort auf diese Frage näherzukommen, wird auch die kontinuierliche Suche nach Seele, Bewusstsein und Selbstbewusstsein, sowie Erklärungen dazu sein.

Andererseits scheint es unrealistisch, dass sich der Mensch nachhaltig einer Strömung zuwenden könnte, welche ihn seiner eigenen Wichtigkeit beraubt. Nun könnte man einwenden, dass der Mensch sich schon über Jahrtausende einem Theismus unterworfen hat, in dem Gott das Wichtigste war – nicht der Mensch an sich und schon gar nicht das Individuum. Wenigstens für das Christentum aber kann man entgegnen, dass gerade dieser Theismus die Bedeutsamkeit des Menschen hervorhebt, indem nach seiner Lehre der Mensch nach Gottes Abbild geschaffen wurde. Die meisten Menschen sahen und sehen in dem deozentrischen Weltbild also wohl weniger ihre eigene Unbedeutendheit manifestiert, denn eine gottgegebene Bestimmung über die Welt und die übrigen Lebewesen zu herrschen. Sobald der Dataismus also zu einer Welt und Gesellschaft führt, in welcher die Menschen unbedeutend werden, wichtiger aber, zu einer Welt, in der sich die Menschen unbedeutend fühlen, kann man erwarten, dass die Menschen dies nicht einfach klag- und handlungslos über sich ergehen lassen werden.

---

251 Bostrom, N. (2005). A history of transhumanist thought. *Journal of evolution and technology, 14*(1).

252 Sorgner, S. L. (2009). Nietzsche, the overhuman, and transhumanism. *Journal of Evolution and Technology*, 20(1), 29–42.

253 Harari, „*Homo Deus*“, 2017. S. 532.

254 Harari, „*Homo Deus*“, 2017. S. 532.

Ein deutlich pragmatischerer Grund aber, weshalb fraglich ist, ob und wann der Dataismus je in Extremform verwirklicht werden wird, sind die beispiellosen Herausforderungen, mit denen die Menschheit speziell im Verlauf des 21. Jahrhunderts zu kämpfen haben wird. Der Kampf gegen den Klimawandel und seine Folgen, soziale Probleme infolge von Migration und Überalterung und Punkte, denen wir uns heute noch gar nicht bewusst sein können, könnten eine ungeheure Menge an Ressourcen benötigen, welche auf der anderen Seite für die Weiterentwicklung einer datenbasierten Gesellschaft fehlen könnten.

6.2 Wirtschaftliche Aspekte

In diesem Kapitel werden die wirtschaftlichen Aspekte behandelt, welche eine in „Homo Deus" beschriebe Zukunft mit sich brächte, bzw. in einer solchen Zukunft entscheidend wären. Da die in diesem Buch beschriebenen Entwicklungen jedoch teils alternativ und teils wechselwirkend zu sehen sind, wird in diesem Fall von einem simpleren Szenario ausgegangen. Wie im vorangegangenen Unterkapitel analysiert, wird von einer datenbasierten Gesellschaft ausgegangen, in der jedoch kein idealer Dataismus herrscht, sondern der Mensch noch immer deren Mittelpunkt bildet. Allerdings sind die von Harari beschriebenen neuen intragesellschaftlichen Kasten der Elite und Masse bereits erkennbar.[255] Zugleich wird angenommen, dass sowohl die Globalisierung, aber auch Umweltzerstörung und Klimawandel weiter vorangeschritten sind.

Die Betrachtung wird an dieser Stelle aus drei Perspektiven heraus angestellt: einer politisch-volkswirtschaftlichen, einer betriebswirtschaftlichen und einer verbraucherorientierten. Das Ziel ist jedoch nicht, die gesamte wirtschaftliche Entwicklung zu betrachten. Die wirtschaftliche Entwicklung wird von Harari selbst in „Homo Deus" und „21 Lektionen für das 21. Jahrhundert" relativ detailliert beschrieben. Vielmehr liegt der Fokus stattdessen auf jeweils einem Aspekt pro Perspektive, welcher die Wirtschaft nachhaltig beeinflussen könnte. Der Aufbau dieser Betrachtung ist an eine Case Study angelehnt, wobei anhand eines repräsentativen Exempels generelle Rückschlüsse gezogen werden.

Bei dieser Diskussion wird Wert darauf gelegt, auch eine Erkenntnis des Forschungsergebnisses anzuwenden. Diese besteht einerseits darin,

255 u.a. Harari, „*Homo Deus*", 2017. S. 81f.

dass die Entwicklung der nächsten Jahre zwar durchaus von Entwicklungen bestimmt wird, welche mit Daten und Algorithmen in Zusammenhang stehen, dabei jedoch nicht andere Trends aus den Augen verloren werden dürfen. Andererseits werden die Entwicklungsmöglichkeiten nach Druckers Sichtweise skizziert, wonach die Zukunft in gewissem Maße durch bereits gegebene Tatsachen bestimmt ist.

Zunächst jedoch rückt noch einmal Hararis Buch „21 Lektionen für das 21. Jahrhundert", insbesondere das zweite Kapitel „Arbeit", in den Blickpunkt. Darin werden, wie im Kapitel zum theoretischen Hintergrund dargelegt, einige Aspekte mit direktem wirtschaftlichen Bezug behandelt. Insbesondere werden die Folgen von KI, wie beispielsweise Massenarbeitslosigkeit, Fachkräftemangel und Grundeinkommen, betrachtet.[256]

Dieses Kapitel stellt jedoch keine Fortführung dieser bereits tiefer ausgearbeiteten Punkte dar. Vielmehr werden darüber hinaus zusätzliche Möglichkeiten skizziert, welche sich ebenso durch die zuvor beschriebene, auf Hararis „Homo Deus" basierende Zukunft ergeben könnten, in diesem Buch aber keinen Platz fanden.

6.2.1 Politik und Volkswirtschaft

Im Jahr 2005 hatten DSL-Anschlüsse Einzug in die Haushalte dieser Welt gehalten. Der iPod hatte den Walkman längst abgelöst und digitale Musik bestimmte fortan das Hörvergnügen der Menschen. Gleichzeitig gelangten mehr und mehr Fälle von Musikpiraterie in Gestalt von Raubkopien und illegalen Tauschbörsen an die Öffentlichkeit.[257] Die Musikindustrie stand vor einer ungewissen Zukunft. Durch die neuen Möglichkeiten, welche das Web 2.0. bot, war nicht klar, ob man dem dunklen Treiben Einhalt gebieten könne und den Wegfall der Einnahmen aus dem Tonträgerverkauf alleine durch kostenpflichtige Downloads auf legalen Plattformen ausgleichen werden könne.

Im Jahr 2020 stellt sich die Situation jedoch anders dar. Das beschriebene Treiben von vor 15 Jahren konnte in geordnete Bahnen gelenkt werden. Der Schlüssel dazu war das Aufkommen von Smartphones und des Mobilfunkstandards LTE und dadurch die Entstehung von legalen

256 Harari, „*21 Lektionen für das 21. Jahrhundert*", 2019. u.a. S. 66. S. 77.

257 Europäisches Parlament (2009). *Schriftliche Anfrage von Iva Zanicchi (PPE) an die Kommission: Online-Piraterie und Nachteile für die europäische Musikindustrie.*

Streaming-Plattformen. Heute bestehen bei den größten Streaming-Anbietern für Musik zusammengerechnet über 200 Millionen Abonnements.[258] Ein monatliches, werbefreies Abonnement kostet den Hörer auf den verschiedenen Plattformen, wie Spotify, Apple Music, oder Amazon Music, einen Betrag von weniger als zehn Euro.[259] Im Gegenzug werden kostenlose Apps für allerlei Geräte, eine nahezu grenzenlose Musikbibliothek, personalisierte Musikempfehlungen und mehr geboten. Der größte Pluspunkt all dieser Anbieter ist jedoch, dass das Angebot nicht nur extrem umfangreich ist, sondern auch sehr komfortabel genutzt werden kann. Für Künstler und Rechteinhaber bietet sich der Vorteil, dass die Musik entsprechend ihrer Beliebtheit vergütet wird und zudem zahlreiche statistische Auswertungsmöglichkeiten zum Hörverhalten der Nutzer zur Verfügung stehen.[260]

Zurück zu Harari. Dieser sieht für eine Welt, welche schon heute zunehmend durch Algorithmen bestimmt wird, die wiederum mit immer neuen und immer mehr Daten gespeist werden müssen, ein dringendes Problem für die Menschheit. In „21 Lektionen für das 21. Jahrhundert" bemerkt er deshalb: „Wie regelt man den Besitz von Daten? Das könnte die wichtigste politische Frage unserer Zeit sein."[261] Die von Harari beschriebene, heutige Situation hadert mit unklaren, vor allem aber mit unzureichenden Regelungen zu Datenschutz und Privatsphäre im Digitalen. Hinzu kommt, dass Daten in der heutigen Welt einer Währung gleichkommen und die Nutzer dieser Daten global agieren, wodurch sie gegen nationale Gesetzgebungen weitgehend immun sind.

Diese Situation erinnert an die oben beschriebene Ausgangslage, vor der die Musikindustrie Anfang dieses Jahrtausends stand. Durch den Aufstieg der Streaming-Portale konnte die damalige Situation in heute weitgehend geordnete Bahnen gelenkt werden. Daher ist es angebracht, ein ähnliches System auch für personenbezogene Daten zu diskutieren.

Zunächst muss die Frage erörtert werden, wie ein solches Projekt aussehen könnte, bevor im nächsten Abschnitt seine Durchführung diskutiert wird. In einer idealen Form, wie sie beispielsweise Aaron Swartz, ein von Harari behandelter Märtyrer der Informationsfreiheit, fordern würde, hätten alle Menschen und Organisationen Zugriff auf alle Daten,

258 Statista (2020). *Statista-Dossier zu Spotify*. S. 29.

259 Verschiedene Anbieter. *Preisinformationen Musikstreaming*.

260 Spotify.com (2020). *How does Spotify pay royalties?*.

261 Harari, „*21 Lektionen für das 21. Jahrhundert*", 2019. S. 141.

die jemals erhoben wurden und werden.[262] So utopisch wie dieses Denken soll das hier eingeführte Konzept jedoch nicht sein, sondern sich mehr Realismus und Realisierbarkeit bedienen.

Eine Möglichkeit wäre es in diesem Fall, alle Firmen, welche Daten von ihren Nutzern erheben, zu verpflichten, diese in anonymisierter Form und in definiertem Umfang der ganzen Welt zugänglich zu machen. Dies müsste in einem Rahmen geschehen, in dem die geteilten Daten zum einen für andere Interessierte nutzbar und gewinnbringend sind, zum anderen jedoch nicht gegen Persönlichkeitsrechte der betroffenen Menschen verstoßen. Gleichzeitig haben interessierte Parteien die Möglichkeit, für ihre Zwecke, welche aufgrund der Nutzungsbedingungen der Plattform offengelegt und überprüfbar sein müssten, auf benötigte Datensätze zuzugreifen. Mit jedem Up- und Download könnten wiederum auch die Menschen, anhand derer die Daten primär erzeugt wurden, auf eine gewisse Weise vergütet werden. Diese Vergütung könnte beispielsweise monetärer Natur sein und entsprechende Bezahlungen anonymisiert mithilfe von Kryptowährungen veranlasst werden.

Dieses Konzept ist, wie eingangs erwähnt, stark an das Modell, wie es zum Beispiel Spotify verfolgt, angelehnt. Die Daten erhebenden Konzerne entsprechen den Plattenfirmen, die Daten der Musik, die Daten erzeugenden Menschen den Künstlern und die Nutzer der globalen Datenbank den Hörern.

So einfach sich dieser Entwurf anhört, so kompliziert könnte dessen Durchführung sein. Erstens ist dafür eine globale gesetzliche Grundlage bezüglich einer solchen Datenbank notwendig und zweitens müssten diese Gesetze eingehalten und deren Einhaltung kontrolliert, bzw. deren Nichteinhaltung sanktioniert werden. In der Folge wird erörtert, weshalb der erste Punkt überwindbar und der zweite Punkt hinfällig sein könnte.

Eine Plattform zu diesem Zweck könnte einerseits auf Open-Source Basis entstehen. Projekte wie Wikipedia oder Mozilla beweisen, dass auch ohne Verwurzelung in Politik oder Konzernen erfolgreiche Produkte, die der Allgemeinheit dienen, entstehen können. Idealisten von der Natur des erwähnten Aaron Swartz und NGOs könnten durch ihre Fähigkeiten und ihr Engagement hierfür eine entsprechende Basis schaffen.

262 Harari, „*Homo Deus*", 2017. S. 528f.

Andererseits könnte auch die Politik ein Interesse haben, Ressourcen für ein solches Vorhaben zur Verfügung zu stellen. Zum einen ist ein Alleingang, zum anderen auch eine Kooperation mit NGOs, wie zuvor erwähnt, denkbar. Die Politik könnte sich finanziell, jedoch auch mithilfe nationaler Gesetzgebungen an einem solchen Konzept beteiligen. Gerade die liberale Demokratie könnte, wie Harari unter anderem in „21 Lektionen für das 21. Jahrhundert“ bemerkt, in den nächsten Jahrzehnten an Macht verlieren, wenn die der Datenkonzerne weiterhin ungebremst zunimmt. Daher scheint es durchaus realistisch, dass die politische Ebene diese Machtverschiebung auch durch eine solche Maßnahme aufzuhalten, oder zumindest zu verzögern versuchen würde.

Wie in der Einleitung dieses Abschnitts beschrieben, liegt der Erfolg des Musikstreamings auf Abobasis nicht in einem plötzlichen Verschwinden kostenfreier, aber illegaler Alternativen. Die Kombination aus strengeren Gesetzen, stärkeren Kontrollen und härterer Rechtsprechung gepaart mit den erwähnten Vorteilen eines Dienstes, wie Spotify ist es, was in diesem Fall den Erfolg ausmacht.[263]

Daher ist es entscheidend, sich in dieser Betrachtung auch auf die Vorteile, welche für alle beteiligten Instanzen auf der Hand liegen, zu konzentrieren. Zunächst werden die Daten sammelnden und in diesem Fall auch teilenden Unternehmen unter die Lupe genommen. Diese könnten auf den ersten Blick die am schwierigsten zu überzeugende Partei sein. In der Realität könnten die Vorteile für jedes einzelne Datenunternehmen jedoch so groß sein, dass sie das Veröffentlichen von Teilen ihrer eigenen Daten verschmerzen würden. Dazu lohnt es sich, die Geschäftsfelder zweier zuvor ins Spiel gebrachter Konzerne zu betrachten. Amazon verfügt durch seine Tätigkeit als Versandhändler und Marktplatz über Konsumentendaten, durch sein Streamingangebot über ergänzende Daten zur Mediennutzung, sowie durch Sprachassistenten über Daten zu generellen Suchanfragen. Vor relativ kurzer Zeit wurde zudem das Geschäftsfeld durch Amazon Web Services und dessen Fokus auf Unternehmen um einen Bereich erweitert. Google wiederum verfügt durch seine Suchmaschine über entsprechende Nutzereingaben, durch seinen Kartendienst über umfangreiche Bewegungsdaten und -profile, sowie durch sein Android Betriebssystem über Daten, die mit

263 Publications Office of the EU (2019). *2019 Intellectual Property and Youth Scoreboard.*

der Smartphone-Nutzung in Verbindung stehen. Man erkennt unschwer, dass allein diese beiden Firmen jeweils für sich auf einem enormen Datenschatz sitzen. Diese Daten erfassen jedoch nur einen Teil des menschlichen Lebens. Daher könnten die Firmen eine signifikante Wertschöpfung daraus ziehen, auch auf Daten anderer Bereiche zugreifen zu können und dementsprechend neue Dienste und Produkte zu entwickeln. Insbesondere dann, wenn ihnen bei fehlender Beteiligung an diesem Projekt die angedachten gesetzlichen Regelungen und Strafen Schaden zufügen würden, oder ihre Mitbewerber für deren Kooperation zusätzlich belohnt würden, könnten die Unternehmen aus der Not eine Tugend machen und sich in festgelegtem Maße an diesem System beteiligen. Es liegt sogar im Bereich des Möglichen, dass diese Konzerne dem konstruierten Vorhaben alleine schon aus der Tatsache heraus zustimmen könnten, dass sie gegebenenfalls ihre Chancen größer als ihr Risiko einschätzen. Denn es liegt in der Natur dieser Art von Unternehmen, von ihrer eigenen Stärke und Überlegenheit überzeugt zu sein.

Ein weiterer Profiteur der Einführung einer globalen Datenbank wäre, wie bereits angedacht, die Politik. Der Nutzen eines solchen Systems würde sogar über eine reine Machtsicherung hinausgehen. Auch den staatlichen Organen stünden die Daten zur Nutzung offen. Dadurch ergäben sich völlig neue Möglichkeiten der Verkehrsplanung, oder der Steuerung des Gesundheitssystems. Das wohl Überzeugendste daran wäre, dass der Staat seinen Aufgaben effizienter nachkommen könnte und damit am Ende sogar Geld sparen würde. Zum anderen müsste der Staat die gesamtwirtschaftlichen Auswirkungen dieses Modells berücksichtigen. Wenn die Ressourcen, in diesem Beispiel Daten und Geld, in der Hand weniger globaler Akteure lägen und diese darauf aufbauend ihre Macht durch immer klügere Algorithmen weiter ausbauen könnten, wäre ein Oligopol die Folge. Die negativen Folgen für die Wirtschaft, welche eine solche Marktform mit sich brächte, liegen auf der Hand. Daher wäre es im Sinne guter Wirtschaftspolitik, diese Form einerseits zu vermeiden und andererseits neuen Unternehmen durch die einfache Nutzung anonymisierter Datensätze den Markteinstieg zu erleichtern.

Zu guter Letzt könnten auch die Menschen, welche durch ihre Navigationssysteme und biometrischen Fitnesstracker Daten generieren, einen Nutzen aus einem solchen System ziehen. Eine Möglichkeit wäre ein finanzieller Anreiz, welcher durch den Staat geschaffen werden könnte. Es ist denkbar, dass Nutzer, wenn sie dem anonymisierten Teilen ihrer Daten in diese globale Datenbank zustimmen, dafür steuerliche Vorteile erhalten. Besonders deshalb scheint eine solche Anreizsetzung hinreichend, da die Menschen schon heute für Bonusmeilen oder Treuepunkte ihre Daten verkaufen, ohne dass deren Verwendung transparent ist. Eine andere Möglichkeit wäre eine Anreizsetzung durch die Unternehmen. Diese könnten den einwilligenden Nutzern im Gegenzug einige Premiumfunktionen freischalten. Dadurch, dass die Nutzer im heutigen Zeitalter bereit sind, ihre Daten einem undurchsichtigen System alleine für Katzenvideos zu überlassen, scheint ein optimierter Navigationsalgorithmus im Gegenzug für die Beteiligung an einem transparenten Projekt als ausreichende Motivation.[264]

Selbstverständlich hat das beschriebene Konzept auch Nachteile und darf nicht als mögliches Allheilmittel verstanden werden. Einerseits würde das Veröffentlichen anonymisierter und beschnittener Datensätze nicht das Problem lösen, dass die Datenkonzerne weiterhin darüber hinaus Daten erheben und hinter verschlossenen Türen nutzen würden. Andererseits könnten Unternehmen, die sich daran nicht, oder nur vordergründig beteiligen, als Trittbrettfahrer agieren und die Vorteile nutzen, ohne dass sie sich selbst an diesem System mit fundiertem Input beteiligen.

Die größte Herausforderung wäre jedoch der globale Charakter dieses Systems. Unzählige nationale Gesetze müssten einem solchen Projekt den Weg bereiten, um Schlupflöcher zu schließen und Anreize zu schaffen. Daher ist die Realisierbarkeit einer solchen Unternehmung in den nächsten Jahren eher nicht denkbar. Wie sich jedoch am Beispiel des Musikmarktes zeigte, wären vielleicht schon einzelne rechtliche Änderungen und der Gewinn, der mit einem solchen Vorhaben einherginge, ausreichend, damit sich die Situation innerhalb von nur 15 Jahren grundlegend ändern könnte.

6.2.2 Betriebswirtschaft

Eine entscheidende Entwicklung, welche dieses Jahrhundert bestimmen wird, ist nicht nur in Hararis Augen die drohende Ökoapokalypse.[265] Daher verwundert es nicht, dass die 2018 und 2019 bestimmenden Themen in der öffentlichen Diskussion die Umwelt und das Klima waren.[266] Die Flüchtlingskrise des Jahres 2015 wurde abgehakt

264 Harari, „*21 Lektionen für das 21. Jahrhundert*“, 2019. S. 139.

265 Harari, „*Homo Deus*“, 2017. u.a. S. 292f.

266 Google Trends (2019). *Das war 2019 angesagt.*

und stattdessen polarisierte vor allem die „Fridays for Future“-Bewegung die öffentliche Wahrnehmung. Daraufhin formierten sich wiederum Gegenbewegungen wie „Fridays for Hubraum“ und Schmähungen der „Fridays for Future“-Anführerin Greta Thunberg fanden ihren Weg durchs Netz.[267] Es ist jedoch anzunehmen, dass der Großteil der Menschen sich zwischen den Extremen gefangen sieht. Ein Bewusstsein des Zusammenhangs zwischen dem aktuellen westlichen Lebensstil und der Klimakatastrophe herrscht wohl in den meisten Köpfen. Genauso aber fällt vielen Menschen die Umstellung ihrer Lebensweise, die mit Abstrichen in verschiedenen Bereichen einherginge, schwer.

Daher ist es nicht verwunderlich, dass viele Unternehmen dies als Chance betrachten. Es scheint eine optimale Lösung, Menschen das schlechte Gewissen, welches sie nun im Alltag heimsucht, durch eine Modifikation des eigenen Produktes zu nehmen und womöglich sogar in ein gutes Gewissen umzuwandeln.

Besonders betroffen von dem neu geschaffenen Bewusstsein der Menschen ist die Mineralölbranche. Autofahrer schränken ihre Gewohnheiten momentan vielleicht noch nicht ein, da es aktuell an Alternativen zum mit fossilen Brennstoffen betriebenen Fahrzeug mangelt, beziehungsweise die alternativen Antriebe ihrerseits mit Problemen wie Reichweite und Kosten zu kämpfen haben.[268] Der langfristige Trend zu alternativen Antrieben zeichnet sich jedoch spätestens seit den kürzlich beschlossenen klimapolitischen Maßnahmen ab. Dadurch verschärft sich der Wettbewerb zwischen den Mineralölkonzernen schon jetzt und zudem müssen diese auch an ihrer langfristigen Strategie feilen. Aufgrund dessen ist ein Schritt, wie ihn die Shell Deutschland Oil GmbH kürzlich ging, nur logisch. Der Konzern stellt Nutzern seiner „Shell Card“ eine CO_2-Kompensation ihres Kraftstoffverbrauchs gegen einen geringen Aufpreis von etwa einem Cent pro Liter in Aussicht. Mit Slogans wie „Gegen den Klimawandel – mit Vorteilen für Sie“ verbindet der Konzern auf seiner Website den Schutz des Klimas mit persönlichen Vorteilen für den Verbraucher und weist nebenbei noch auf ein eigenes Naturschutzprojekt im Amazonas hin, welches mit Fotos untermalt wird.[269] Bei einem reinen Blick auf diese Internetseite und ohne Kenntnis größerer Zusammenhänge, könnte der Verbraucher denken,

267 Welt (2019). *Thunberg-Gegner fluten Facebookgruppe mit Hassnachrichten.*

268 Zeit Online (2016). Breitinger, M. *Es gibt wichtigeres als Kaufanreize.*

269 Shell Deutschland (2020). *CO_2-Kompensation: Auf dem Weg zur klimaneutralen Flotte.*

dass die Lösung der individuellen Mobilität und zur Rettung des Klimas schon gefunden sei.

Ein anderes Beispiel betrifft den Finanzsektor. Spätestens in der Finanzkrise 2008 sind Banken in ihrem Ansehen in der Gesellschaft tief gefallen und die Berufsgruppe der Investmentbanker an Unbeliebtheit wohl nur schwer zu übertreffen.[270] In dieser Situation kommt eine Gelegenheit, wie sie die sich abzeichnende Umwelt- und Klimakatastrophe bietet, gelegen. So bietet unter anderem die Tomorrow Bank ein Girokonto an, welches „Das erste Girokonto, das Deinen CO_2-Fußabdruck kompensiert“ ist.[271] Die Zielgruppe sind durch das Duzen junge Menschen, welche zudem Onlinebanking bevorzugen und gleichzeitig klimabewusst leben möchten. Diese versucht man auf der Internetseite, ähnlich wie die Shell Deutschland Oil GmbH, über die Darstellung von Umweltprojekten von der Wirksamkeit ihres Versprechens zu überzeugen. Wortwörtlich wird zudem die Frage gestellt, ob „alle Banken [...] böse [sind]“ und dies selbstverständlich mit einem Nein beantwortet.[272] Stärker als mit all diesen Maßnahmen kann fast nicht versucht werden, mit etwas Simplem, wie einem Girokonto, das schlechte Umwelt- und Klimagewissen der Kunden zu nehmen und dieses in ein positives zu verwandeln.

Der diesen beiden Beispielen zugrundeliegende Trend nennt sich „Greenwashing“. Dessen Ziel ist es, der eigenen Firma, bzw. den eigenen Produkten durch umweltfreundliches und verantwortungsbewusstes Handeln, vor allem aber durch entsprechende PR-Methoden einen fälschlicherweise grünen Anstrich zu verleihen.[273] In der Realität überwiegen dabei die Marketingaspekte oft die tatsächlich durchgeführten Maßnahmen und vor allem deren Auswirkungen.[274]

Einerseits ergibt sich das Problem, dass entsprechende Maßnahmen oft nur schwer objektiv nachprüfbar sind. Wie von der Shell Deutschland Oil GmbH und der Tomorrow Bank, werden Projekte oftmals am anderen Ende der Welt durchgeführt und unterstützt. Wie diese in der Realität aussehen, lässt sich für den Verbraucher und auch für Umwelt-

270 Handelsblatt (2019). Schäfer, D. *Das Image der Banken wird immer schlechter.*

271 Tomorrow Bank (2020). *Zero Account.*

272 Tomorrow Bank (2020). *Website.*

273 Furlow, N. E. (2010). Greenwashing in the new millennium. *The Journal of Applied Business and Economics, 10*(6), 22–25. S. 22.

274 Delmas, M., & Burbano, V. (2011). The Drivers of Greenwashing. *University of California, Berkeley, 54*(1), 64–87. S. 65.

schutzorganisationen aus verschiedenen Gründen nur schwer überprüfen. Noch schwieriger gestalten sich daraufhin die Abschätzungen des Effekts dieser Projekte. Könnten Maßnahmen zum Umweltschutz, etwa verbesserte Wasserqualität um die Produktionsstätten herum, noch relativ einfach überprüft werden, verhält es sich mit klimabezogenen Maßnahmen komplizierter. Durch Aufforstung tatsächlich kompensiertes CO_2 etwa lässt sich aus verschiedenen Gründen kaum abschätzen. So ist bekannterweise der CO_2-Umsatz jedes Baumes und je nach Wachstumsbedingungen verschieden, oder aber überstehen nur unterschiedlich viele Setzlinge die ersten Jahre.

Andererseits ergeben sich oftmals durch die eigentlich gut gemeinten Maßnahmen selbst wieder neue Probleme. Dies liegt daran, dass die zugrundeliegenden Mechanismen oftmals nicht abzuschätzen sind und wiederum mit anderen Aspekten wechselwirken. Zudem sind die Lebensverhältnisse von diesen Projekten betroffener Menschen den Durchführenden oftmals nur unzureichend bekannt. Um nur ein Beispiel zu nennen, gehen durch den Anbau von Pflanzen für Biokraftstoff landwirtschaftliche Flächen für die Lebensmittelproduktion verloren, womit letztlich die Waldrodung gefördert wird.[275]

Durch die große Präsenz einem Greenwashing unterzogener Produkte wird zudem die Situation des Verbrauchers komplizierter. Selbst, wenn dieser nachhaltig leben möchte, kann er diese Produkte zumeist nur schwer von echten grünen Alternativen unterscheiden. Diese Situation wird auch von den Medien aufgegriffen und dem Verbraucher vor Augen geführt. Die Folge könnte Ernüchterung auf dessen Seite sein und die darauffolgende Erkenntnis, dass seine Konsumentscheidungen am Ende doch keine Rolle bei der Lösung der großen Krise spielten.

Andererseits untergräbt eine Aktion, wie sie die Shell Deutschland Oil GmbH durchführt, Maßnahmen, die den Schutz von Klima und Umwelt tatsächlich voranbringen würden. Dazu zählt ein bewussterer und eingeschränkter Verbrauch von Treibstoff. Durch das Suggerieren, dass ohnehin alles grün und klimaneutral sei und mit dem Tanken zudem Projekte im Amazonas unterstützt würden, wird einer nachweislich wirkungsvollen Konsumeinschränkung entgegengewirkt.

Bei all den Problemen, die der Trend des Greenwashings mit sich bringt, stellt sich die Frage, ob dieser auch in der Zukunft das betriebswirtschaftliche Handeln bestimmen kann. Es gibt einige Aspekte, die

275 Hamburgisches Weltwirtschaftsinstitut (2011). Bräuninger, M. & Leschus, L. *Pro und Kontra Biokraftstoffe*.

darauf hindeuten, dass Greenwashing auch in Zukunft eine Geschäftsmöglichkeit darstellen und dieses Jahrhundert weiterhin bestehen könnte. Zum einen gibt es sicherlich eine große Zahl an Menschen, welche einerseits die wahren Hintergründe und Zusammenhänge weder begreifen, noch sich überhaupt auf deren Suche begeben werden. Andererseits genügt vielen Menschen vermutlich ein vordergründig gutes Umweltgewissen und Zweifel an den konsumierten Produkten werden bewusst ausgeblendet. Der momentane Erfolg dieses Trends deutet stark darauf hin. Zum anderen wird es sicherlich auch in der Zukunft Menschen geben, welche sich nicht persönlich einschränken und verzichten wollen. Daher sind diese Menschen unter Umständen froh um das grüne Label an ihrem Konsum, um dieses bezüglich der Außenwirkung auch an ihr eigenes Leben zu heften. Denkbar sind hierfür beispielsweise Urlaubsbilder aus fernen Ländern, die in Zukunft nur noch zusammen mit einer Abbildung des CO_2-kompensierten Flugtickets sozial akzeptiert und in den sozialen Medien beliebt sein könnten.

Andererseits gibt es auch Punkte, welche auf ein Ende des grünen Betrugs hindeuten. Die Ausbildung an Schulen und Universitäten, sowie die Medien werden den Menschen den betriebenen Schwindel zunehmend bewusst machen und diese beim Begreifen der wahren Zusammenhänge unterstützen. Gleichzeitig werden jetzt und besonders in der Zukunft auch wirklich grüne Produkte und Geschäftsmöglichkeiten entwickelt werden. Mit geeigneten PR-Maßnahmen könnten die entsprechenden Unternehmen Wege finden, die zugrundeliegenden Unterschiede zu Produkten mit lediglich grüner Verpackung aufzuzeigen. Die größte Chance im Kampf gegen das Geschäft mit dem schlechten Gewissen liegt jedoch vermutlich in der Welt der Daten. In der Zukunft wird es leichter denn je sein, die Lieferketten, auf welche sich Konzerne stützen, glaubhaft und detailliert nachzuverfolgen. Dies könnte bei simplen Produkten wie Kaffee beginnen und nach und nach auf komplexere Produkte wie Smartphones ausgeweitet werden, sobald Unternehmen die Marketingwirkung von echter Transparenz erkannt haben. Der datenbasierte Aspekt könnte sich in Verbindung mit der zuvor dargebrachten Entwicklung echt grüner Produkte verstärken und die Art der Betriebswirtschaft der Zukunft bestimmen.

6.2.3 Konsumenten

Die im vorangegangenen Kapitel beschriebene öffentliche Diskussion über das Bevorstehen des Klimakollaps führte zu einer Situation, welche sich so zuletzt mit der 68er-Bewegung ereignet hat. Die junge Generation grenzt sich bewusst von der aktuell machthabenden Generation ab. Dazu wurden Begriffe wie „OK Boomer" und „Flugscham" eingeführt und in Deutschland die Grünen zur Mainstream-Partei dieser Generation.[276] [277] [278] Es ist durchaus glaubwürdig, dass eine Generation, welche durch Schulstreiks für ihre Zukunft kämpft, in Zukunft anders konsumieren wird als die Generationen X und Y. Die auf Umwelt und Klima bezogen wirkungsvollste Form des Konsums wäre der Verzicht.

Gleichzeitig erwartet beispielsweise Harari, dass im Laufe dieses Jahrhunderts zahlreiche Menschen ihre Arbeit verlieren werden und auf eine gewisse Form der Grundsicherung angewiesen sein könnten.[279] Somit ist es wahrscheinlich, dass ein weiterer Teil der Gesellschaft, dieser jedoch aus wirtschaftlicher Notwendigkeit, den Konsumverzicht leben wird. In Hararis Sichtweise wäre dies die Masse, welche einer kleinen Elite gegenübersteht.

Dass der Mensch jedoch von seinen Bedürfnissen getrieben ist, ist spätestens seit Maslow bekannt. Denn wäre der Mensch jemals aus freien Stücken dazu bereit gewesen, sich gegen seine Bedürfnisse zu entscheiden, hätte sich die Menschheitsgeschichte wohl grundlegend anders entwickelt. Daher ist, wenn an dieser Stelle von Verzicht die Rede ist, eher eine Verschiebung des Konsums gemeint.

Ein einfaches Beispiel hierzu ist der private PKW. War er in der zweiten Hälfte des letzten Jahrhunderts ein Symbol für Freiheit und Unabhängigkeit und über Generationen hinweg das Statussymbol schlechthin, hat sich dessen Image in den letzten Jahren und Monaten gewandelt.[280] [281] Der Autobesitzer steht nun mehr als das Symbol des Klimasünders. Daher kann es durchaus zu Verzicht kommen in Bezug auf ein eigenes Kfz. Das zugrundeliegende Bedürfnis nach Mobilität

276 Zeit Campus (2019). Menne, K. *„OK, Boomers"*.

277 Zeit Online (2019). Raab, K. *Der dumme Weltbürger*.

278 Augsburger Allgemeine (2020). Imminger, C. *Wie die Grünen von der Öko- zur Volkspartei wurden*.

279 Harari, *„21 Lektionen für das 21. Jahrhundert"*, 2019. S. 66. S. 70. S. 76ff.

280 Diez G., (2014). Mit dem Auto leben. *Spiegel Wissen 2014 (4)*. S. 98–105

281 Handelsblatt (2010). *So beliebt wie eine Waschmaschine*.

jedoch wird nicht aufgegeben werden. Daher werden Alternativen zu dieser Bedürfnisbefriedigung attraktiver.

Eine Möglichkeit hierzu ist neben der Nutzung des öffentlichen Personenverkehrs und umweltfreundlicher Alternativen, wie dem Fahrrad, das Konzept des Carsharings. Dessen Vorteile liegen für die Nutzer auf der Hand. Zum einen fallen für den Fahrer weder Anschaffungs- noch laufende Kosten wie Versicherung oder Kfz-Steuer an. Zum anderen werden sowohl das Fahrzeug selbst, als auch das knappe Platzangebot der Stadt besser ausgenutzt und somit Ressourcen gespart. Gerade der Einsatz von Elektrofahrzeugen macht zu diesem Zweck Sinn, da durch reservierte Parkplätze mit Ladesäulen das Abstellen des Fahrzeugs vereinfacht wird und Wege zur Tankstelle wegfallen. Die Nachteile fehlender Flexibilität und eines beschränkten Nutzungsraums werden dabei von vielen Menschen gerne in Kauf genommen.

Der Überbegriff für dieses Modell ist der der „Sharing Economy". Darunter kann der Tausch von Waren ohne Geld verstanden werden. In diesem Fall soll der Begriff aber für den gemeinsamen Konsum stehen. Das Carsharing ist momentan wohl dessen prominentester Vertreter, wenngleich es auch andere Möglichkeiten gibt, gemeinsam zu konsumieren. Dazu gehören etwa das Mieten von Elektronikprodukten oder Möbeln. Nach Ende der Mietdauer gehen diese an die ausgebende Firma zurück, werden aufbereitet und können anschließend vom nächsten Mieter erneut bezogen werden.

Es gibt einige Gründe, weshalb diese Form des Konsums die Wirtschaft der Zukunft langfristig verändern könnte. Zum einen ist, wie eingangs beschrieben, vor allem bei der Generation Z von einem anderen Konsumverständnis auszugehen. Diese könnte diese Form des Konsums durch dessen bessere Ausnutzung von Ressourcen dem klassischen Konsum vorziehen. Das Wachstum der Carsharing-Branche in den letzten Jahren und die Zukunftsprognosen belegen diese Annahme.[282] Zum anderen fällt es bereits heute, noch mehr aber in der Zukunft, Menschen ohne oder mit gering entlohnter Arbeit schwer, die Anschaffungskosten für die Produkte ihres Konsums zu tragen. Daher ist die Form der Miete eine willkommene Alternative für diese Menschen.[283] Verstärkt werden beide Motive für die Nutzung des Modells der „Sharing Economy", dass es durch den flexiblen Bezug einfacher

282 Statista (2016). *Anzahl der Fahrzeuge auf dem weltweiten Carsharing-Markt bis 2025.*

283 PwC (2018). *Share Economy in Deutschland wächst weiter.*

ist, an neu entwickelte Produkte zu gelangen und deren Vorzüge zu nutzen.

Auf der anderen Seite stehen Argumente, welche dagegensprechen, dass der Trend der „Sharing Economy“ zu bedeutend werden wird. Zum einen ist durch eine Kombination von Marketing und Statuscharakter einiger Produkte davon auszugehen, dass sich Menschen noch immer ganz bewusst für einen Kauf gewisser Güter entscheiden werden. Hinzu kommt, dass die Menschen, für die die Anschaffungspreise keine Hürde darstellen, Gesamtkostenrechnungen anstellen werden. Daher würden diese die Angebote einer „Sharing Economy“ ohnehin nur nutzen, wenn sie, wie erwähnt, überzeugt von deren Ideologie sind, oder aber für ihre Bedürfnisse und Nutzungsart wirklich ein wirtschaftlicher Vorteil entstünde.

Anhand dieser Erörterung lässt sich deutlich erkennen, dass der Trend der „Sharing Economy“ in Zukunft die Wirtschaft beeinflussen wird, wenngleich noch nicht abschätzbar ist, in welchem Umfang. Somit ergeben sich neue Situationen für Hersteller und Händler. Die Hersteller müssen sich in ihrer strategischen Ausrichtung darauf konzentrieren, die Bedürfnisse der Menschen zu befriedigen. Dies könnte in Zukunft jedoch nicht mehr nur durch den reinen Verkauf von Produkten an Privatleute und Firmen geschehen, sondern vermehrt auch über größer angelegte Konzepte. Ein Beispiel hierfür ist ShareNow, das gemeinsame Carsharing Angebot von BMW und Daimler. Damit wollen die beiden Firmen den Sprung von reinen Autobauern hin zu Mobilitätsdienstleistern bewerkstelligen.[284]

Auf der anderen Seite bieten sich für Händler neue Möglichkeiten, die genutzt werden sollten, um für dieses Zukunftsszenario gewappnet zu sein, aber auch um den schon heute vorzufindenden Zeitgeist zu nutzen. Händler dürfen sich nicht länger als reine Wiederverkäufer betrachten. Es könnte entscheidend werden, den Kunden in Zukunft durch ein Paket bestehend aus der Vermietung von Produkten, Services und Optionen wie Versicherungen langfristig an sich zu binden.

284 Daimler (2018). *Vom Fahrzeugfinanzierer zum Mobilitätsdienstleister: Mercedes-Bank wächst mit neuen Produkten.*

7. Fazit

Den Kern dieser Arbeit bildete die Frage, ob es sich bei Hararis Buch „Homo Deus“ um einen Blick in die Zukunft handelt. Dies konnte nicht bejaht werden. Vielmehr wurde deutlich, dass der Autor mit seinem Werk ein anderes Ziel verfolgte. Dieses besteht darin, dass er anhand der Entwicklungen in Biotechnologie und KI verschiedene Möglichkeiten für die Zukunft mittels der Projektion auf verschiedene Lebensbereiche aufzeigt.

Ebenso wurde stellvertretend Hararis Hypothese zum Dataismus detailliert untersucht. Dabei wurde deutlich, dass diese aufgrund ihrer potenziell mächtigen Auswirkungen das Leben, wie man es im Jahr 2020 kennt, sehr stark verändern könnte. Ob die Menschheit jedoch in vollem Maße auf eine alles berührende Datenreligion zusteuert und wie diese genau aussehen würde, ist noch unklar.

Die zentrale Erkenntnis dieser Arbeit ist jedoch eine andere. Neben Harari legten auch die meisten anderen der untersuchten Autoren Wert darauf, ihre Bücher mit Appellen an den Leser zu versehen. Die zentrale Botschaft war immer, dass durch Diskussion und Handeln der Lauf der Geschichte bestimmt und verändert werden kann. Gerade darin liegt wohl der Grund, weshalb sich so viele Denker mit etwas ungewissem und schlicht unvorhersehbarem wie der Zukunft beschäftigen.

Die Wichtigkeit dieser Aufrufe wird gerade in den Zeiten der Corona-Krise klar. Diese führt dazu, dass die Entwicklung in einigen Bereichen beschleunigt wird und die Zukunft schneller zur Gegenwart wird als von vielen erwartet. Rechtliche Änderungen werden nicht wie üblich begleitet von medialer Aufmerksamkeit über Monate diskutiert, sondern ad hoc eingeführt, um möglichst schnell und effektiv auf die Pandemie zu reagieren. Führungen autoritärer und teilautoritärer Staaten nutzen so diese Krise, um ihre Macht auszubauen und die Demokratie weiter auszuhöhlen. Doch selbst in Deutschland, einem Land mit vermeintlich gefestigter Demokratie und Bürgerrechten, droht in diesen Zeiten Gefahr. Smartphone-Apps zum Corona-Tracking und Corona-Tracing mögen in der aktuellen Situation durchaus ihre Berechtigung haben. Der Nutzen in Form geretteter Leben mag derzeit fraglos den Preis eingeschränkter persönlicher Freiheit wert sein. Gefährlich wird all dies jedoch, sobald der Nutzen nicht mehr gegeben ist und die getroffenen Maßnahmen, seien es die beschriebenen Apps oder schlicht Kontakt- und Ausgangsverbote, Bestand hätten.[285] [286]

Damit also die Zukunft die Menschen nicht überrumpelt und die Gefahren, welche viele Entwicklungen mit sich bringen, verstanden werden, sind Bücher wie „Homo Deus" von großer Bedeutung. Alleine die Tatsache, dass durch ein solches populärwissenschaftliches Werk mit großer Reichweite eine deutlich größere Anzahl von Menschen angesprochen wird als von streng wissenschaftlicher Arbeit, rechtfertigt dieses Genre. Jeder Mensch, der sich nicht still seinem Schicksal fügen will, sollte, genau wie Harari betont, die Gegenwart umreißen, die darin verborgenen Gefahren erkennen und aufbauend darauf die Diskussion in sein Umfeld tragen.

---

285 Financial Times (2020). Harari, Y. N. *The world after coronavirus.*

286 Süddeutsche Zeitung (2020). Schmitz, T. & Harari, Y. N. *„Nicht das Virus ist die größte Gefahr, sondern wir Menschen"*.

8. Referenzen

Literatur

Bostrom, N. (2005). A history of transhumanist thought. *Journal of evolution and technology, 14*(1).

Cukier, K., & Mayer-Schoenberger, V. (2013). The rise of big data: How it's changing the way we think about the world. *Foreign Aff.*, 92.

Delmas, M., & Burbano, V. (2011). The Drivers of Greenwashing. *University of California, Berkeley, 54*(1), 64–87.

Diez G. (2014). Mit dem Auto leben. *Spiegel Wissen 2014* (4). S. 98–105

Drucker, P. (1994). The age of social transformation. *Atlantic Monthly* 274(5), S. 53–80.

Drucker, P. (1998). The future that has already happened. *The Futurist, 32*(8), S. 16–18.

Drucker, P. (2001). The next society. *The Economist*, (3. Nov. 2001).

Furlow, N. E. (2010). Greenwashing in the new millennium. *The Journal of Applied Business and Economics, 10*(6), 22–25.

Harari, Y.N. (2011). *Sapiens. A Brief History of Humankind.* London: Vintage.

Harari, Y.N. (2016). *Homo Deus. A Brief History of Tomorrow*. London: Vintage.

Harari, Y. N. (2017). Dataism is our new god. *New Perspectives Quarterly, 34*(2), 36–43.

Harari, Y.N. (2018). *21 Lessons for the 21st Century*. London: Vintage.

Heusinger, S. (2004). *Die Lexik der deutschen Gegenwartssprache. Eine Einführung*. München: W. Fink.

Hidalgo, C. (2015). *Why information grows: The evolution of order, from atoms to economies*. New York: Basic Books.

Kelly, K. (2010). *What technology wants*. New York: Viking Penguin.

Leonhard, G. (2016). *Technology vs. Humanity*. London: Fast Future Publishing.

Lohr, S. (2015). *Data-ism*. London: Oneworld Publications.

Lorenz, E. (2000). The butterfly effect. *World Scientific Series on Nonlinear Science Series A, 39*, 91–94.

Mayring, P. (1991). Qualitative Inhaltsanalyse. In U. Flick, E. v. Kardoff, H. Keupp, L. v. Rosenstiel, & S. Wolff (Hrsg.), *Handbuch qualitative Forschung: Grundlagen, Konzepte, Methoden und Anwendungen* (S. 209–213). München: Beltz.

Mayring, P., Fenzl, T. (2000). Qualitative Inhaltsanalyse. In *Handbuch Methoden der empirischen Sozialforschung* (S. 543–556). Wiesbaden: Springer VS.

Merton, R. K. (1948). The self-fulfilling prophecy. *The antioch review, 8*(2), 193–210.

Pinker, S. (2018). *Enlightenment now: The case for reason, science, humanism, and progress*. New York: Penguin.

Sorgner, S. L. (2009). Nietzsche, the overhuman, and transhumanism. *Journal of Evolution and Technology, 20*(1), 29–42.

Spengler, O. (1918). *Der Untergang des Abendlandes. Umrisse einer Morphologie der Weltgeschichte. Band I: Gestalt und Wirklichkeit.* Wien: Verlag Braumüller.

Strasser, P. (2018). *Spenglers Visionen. Hundert Jahre Untergang des Abendlandes*. Wien: Verlag Braumüller.

Van Dijck, J. (2014). Datafication, dataism and dataveillance: Big Data between scientific paradigm and ideology. *Surveillance & society, 12*(2), 197–208.

Wehler, H.-U. (1987). *Deutsche Gesellschaftsgeschichte. Band 4. Vom Beginn des Ersten Weltkrieges bis zur Gründung der beiden deutschen Staaten 1914–1949*. München: C.H.Beck oHG

Websites

Augsburger Allgemeine (2020). Imminger, C. *Wie die Grünen von der Öko- zur Volkspartei wurden.* Abgerufen am 16.04.2020 von: https://www.augsburger-allgemeine.de/kultur/Journal/Wie-die-Gruenen-von-der-Oeko-zur-Volkspartei-wurden-id56407126.html

BR Kultur (2018). Ortmann, J. & Strasser, P. *Geht das Abendland noch immer unter? 100 Jahre Oswald Spengler*. Abgerufen am 16.04.2020 von: https://www.br.de/nachrichten/kultur/geht-das-abendland-noch-immer-unter-100-jahre-oswald-spengler,Qzx3JNr

Daimler (2018). *Vom Fahrzeugfinanzierer zum Mobilitätsdienstleister: Mercedes-Bank wächst mit neuen Produkten.* Abgerufen am 16.04.2020 von: https://media.daimler.com/marsMediaSite/de/instance/ko/Vom-Fahrzeugfinanzierer-zum-Mobilitaetsdienstleister-Mercedes-Benz-Bank-waechst-mit-neuen-Produkten.xhtml?oid=33968542

Drucker Society of Austria (2009). *Peter Drucker - Biography.* Abgerufen am 16.04.2020 von: http://www.druckersociety.at/index.php?option=com_content&view=article&id=50&Itemid=40

Europäisches Parlament (2009). *Schriftliche Anfrage von Iva Zanicchi (PPE) an die Kommission: Online-Piraterie und Nachteile für die europäische Musikindustrie.* Abgerufen am 16.04.2020 von: https://www.europarl.europa.eu/sides/getDoc.do?pubRef=-//EP//TEXT+WQ+P-2009-4844+0+DOC+XML+V0//DE

Financial Times (2020). Harari, Y. N. *The world after coronavirus.* Abgerufen am 16.04.2020 von: https://www.ft.com/content/19d90308-6858-11ea-a3c9-1fe6fedcca75

Futuristgerd.com (2019). *Gerd Leonhard – Biografie.* Abgerufen am 16.04.2020 von: http://de.futuristgerd.com/wp-content/uploads/sites/3/2019/03/2019-Gerd-Leonhard-Biography-FINAL_German.pdf

GatesNotes (2016). Gates, B. *How did humans get smart?*. Abgerufen am 16.04.2020 von: https://www.gatesnotes.com/Books/Sapiens-A-Brief-History-of-Humankind

GatesNotes (2018). Gates, B. *My new favorite book of all time.* Abgerufen am 16.04.2020 von: https://www.gatesnotes.com/Books/Enlightenment-Now

Google Trends (2019). *Das war 2019 angesagt.* Abgerufen am 16.04.2020 von: https://trends.google.de/trends/yis/2019/DE/

Hamburgisches Weltwirtschaftsinstitut (2011). Bräuninger, M. & Leschus, L. *Pro und Kontra Biokraftstoffe.* Abgerufen am 16.04.2020 von: http://www.hwwi.org/publikationen/hwwi-insights/hwwi-insights-ausgabe-03-2011/pro-und-kontra-biokraftstoffe.html

Handelsblatt (2010). *So beliebt wie eine Waschmaschine*. Abgerufen am 16.04.20 von: https://www.handelsblatt.com/auto/nachrichten/auto-als-statussymbol-so-beliebt-wie-eine-waschmaschine/3655496.html%20am%2004.04.2020?ticket=ST-3177030-fDRvlXjbyBg341ewMjrU-ap2

Handelsblatt (2017). Steingart, G. *Yuval Noah Harari – „Das System ist erstarrt“.* Abgerufen am 16.04.2020 von: https://www.handelsblatt.com/arts_und_style/literatur/wirtschaftsbuchpreis/?tabnr-4008578=2

Handelsblatt (2019). Schäfer, D. *Das Image der Banken wird immer schlechter*. Abgerufen am 16.04.2020 von: https://www.handelsblatt.com/politik/international/davos2019/ansehen-der-geldhaeuser-das-image-der-banken-wird-immer-schlechter/23889914.html?ticket=ST-2863900-elRbmHeUhfjAo6WdxIFX-ap2

Hebrew University of Jerusalem (2008). *Yuval Noah Harari - Curriculum Vitae*. Abgerufen am 16.04.2020 von: http://pluto.huji.ac.il/~ynharari/cv.html

Hebrew University of Jerusalem – History Department (2019). *Prof. Yuval Noah Harari*. Abgerufen am 16.04.2020 von: https://en.history.huji.ac.il/people/yuval-noah-harari

Neue Zürcher Zeitung (2018). *Peter Strasser*. Abgerufen am 16.04.2020 von: https://live.nzz.ch/de/info/gaestearchiv/peter-strasser

Oswald Spengler Society (2017). *Oswald Spengler*. Abgerufen am 16.04.2020 von: https://www.oswaldspenglersociety.com/kopie-von-oswald-spengler

PBS Newshour (2014). *David Brooks – Biography*. Abgerufen am 16.04.2020 von: https://archive.ph/20160113090227/http://wayback.archive.org/web/20140130185706/http://www.pbs.org/newshour/indepth_coverage/politics/political_wrap/bio_brooks.html

Publications Office of the EU (2019). *2019 Intellectual Property and Youth Scoreboard*. Abgerufen am 16.04.2020 von: https://op.europa.eu/en/publication-detail/-/publication/4d0ce82e-1bc5-11ea-8c1f-01aa75ed71a1/language-en/format-PDF/source-121510280

PwC (2018). *Share Economy in Deutschland wächst weiter*. Abgerufen am 16.04.2020 von: https://www.pwc.de/de/pressemitteilungen/2018/share-economy-in-deutschland-waechst-weiter.html

Shell Deutschland (2020). *CO_2-Kompensation: Auf dem Weg zur klimaneutralen Flotte*. Abgerufen am 16.04.2020 von: https://www.shell.de/geschaefts-und-privatkunden/shell-card/mobilitaet-von-morgen/co2-kompensation.html#iframe=L2Zvcm1zL2RlX2RlX3RvcGljc19mb3Jt

Spiegel Kultur (2019). *Bestsellerautor duldet Zensur seines Buches in Russland.* Abgerufen am 16.04.2020 von: https://www.spiegel.de/kultur/literatur/yuval-noah-harari-21-thesen-fuer-das-21-jahrhundert-wurde-in-russland-zensiert-a-1280025.html

Spotify.com (2020). *How does Spotify pay royalties?*. Abgerufen am 16.04.2020 von: https://artists.spotify.com/faq/music#royalties

Statista (2016). Erheber: Frost & Sullivan. *Anzahl der Fahrzeuge auf dem weltweiten Carsharing-Markt bis 2025*. Abgerufen am 16.04.2020 von: https://de.statista.com/statistik/daten/studie/388012/umfrage/anzahl-der-fahrzeuge-auf-dem-weltweiten-carsharing-markt/

Statista (2020). Erheber: Spotify, Numerama, Financial Times, Bloomberg, & Musical.ly. *Statista-Dossier zu Spotify*. Abgerufen am 16.04.2020 von: https://de.statista.com/statistik/studie/id/21276/dokument/spotify-statista-dossier/

Stevenpinker.com (2019). *Reviews for Enlightenment Now*. Abgerufen am 16.04.2020 von: https://stevenpinker.com/reviews-enlightenment-now?admin_panel=1

Stevenpinker.com (2019) *Steven Pinker - Curriculum Vitae*. Abgerufen am 16.04.2020 von: https://stevenpinker.com/files/pinker/files/cv_steven_pinker_shorter.pdf

Stevenpinker.com (2020). *About Steven Pinker*. Abgerufen am 16.04.2020 von: https://stevenpinker.com/biocv

Süddeutsche Zeitung (2020). Schmitz, T. & Harari, Y. N. *„Nicht das Virus ist die größte Gefahr, sondern wir Menschen"*. Abgerufen am 18.04.2020 von: https://www.sueddeutsche.de/kultur/yuval-noah-harari-corona-interview-1.4878583

The New York Times (2013). Brooks, D. *The Philosophy of Data.* Abgerufen am 16.04.2020 von: https://www.nytimes.com/2013/02/05/opinion/brooks-the-philosophy-of-data.html

Tomorrow Bank (2020). *Website*. Abgerufen am 16.04.2020 von: https://www.tomorrow.one/de-de/

Tomorrow Bank (2020). *Zero Account*. Abgerufen am 16.04.2020 von: https://www.tomorrow.one/de-de/zero

Universiteit Utrecht (2019). *Prof. dr. José van Dijck*. Abgerufen am 16.04.2020 von: https://www.uu.nl/staff/jftmvandijck

Universiteit van Amsterdam (2014). *mw. Prof. dr. J.F.T.M. (José) van Dijck*. Abgerufen am 16.04.2020 von: https://web.archive.org/web/20140708235806/http://www.uva.nl/over-de-uva/organisatie/medewerkers/content/d/i/j.f.t.m.vandijck/j.f.t.m.van-dijck.html

Verschiedene Anbieter. *Preisinformationen Musikstreaming*. Abgerufen am 16.04.2020 von: https://www.spotify.com/de/premium/?utm_source=de-de_brand_contextual_text&utm_medium=paidsearch&utm_campaign=alwayson_emea_de_performancemarketing_premium_brand+contextual+text+exact+de-de+google&gclid=Cj0KCQjwmpb0BRCBARIsAG7y4zZnPVmJM17cpIE8rZNA7wzRXJ2QOKigDyRZVUQZaStaax1EX4ZHC9YaAoOGEALw_wcB&gclsrc=aw.ds https://www.amazon.de/music/unlimited?ref=dmm_acq_marin_d_gen%7Cc_430017554366_m_K0ofzHG1-dc_s__&gclid=CjwKCAjwhOD0BRAQEiwAK7JHmFOjeStRmMwSr6R4xGK1JTxLq_xEF03I0CIwYf7fz0efeT92lua2sBoC27kQAvD_BwE https://www.apple.com/de/apple-music/

Welt (2019). *Thunberg-Gegner fluten Facebookgruppe mit Hassnachrichten*. Abgerufen am 16.04.2020 von: https://www.welt.de/politik/article201048208/Fridays-for-Hubraum-Greta-Thunbergs-Gegner-fluten-Facebook-mit-Hassnachrichten.html

Wissenschaft.de (2019). *Wissensbücher des Jahres*. Abgerufen am 16.04.2020 von: https://www.wissenschaft.de/rezensionen/wissensbuecher-des-jahres/

Worldbank (2013). *World Development Indicators 2013*. Abgerufen am 16.04.2020 von: https://databank.worldbank.org/data/download/WDI-2013-ebook.pdf

Ynharari.com (2020). *About Yuval Noah Harari*. Abgerufen am 16.04.2020 von: https://www.ynharari.com/about/

Zeit Campus (2019). Menne, K. *„OK, Boomers"*. Abgerufen am 16.04.2020 von: https://www.zeit.de/2019/47/demografie-babyboomer-generationen-millennials-generationenkonflikt%20am%2004.04.2020

Zeit Online (2016). Breitinger, M. *Es gibt Wichtigeres als Kaufanreize*. Abgerufen am 16.04.2020 von: https://www.zeit.de/mobilitaet/2016-04/elektroauto-kaufpraemie-bundesregierung-nachfrage-absatz/komplettansicht

Zeit Online (2019). Raab, K. *Der dumme Weltbürger*. Abgerufen am 16.04.2020 von: https://www.zeit.de/entdecken/reisen/2019-05/flugscham-fliegen-reisen-umwelt-oekologisch-co2

9. Appendix

Leser- und Expertenbefragung

Prof. Dr. Michael Mirow

Datum: 27. Februar 2020

Name: *Prof. Dr. Michael Mirow*

Ausbildung und Beruf: *Wirtschaftsingenieur, viele Jahre in führenden Positionen eines Großkonzerns und Honorarprofessor*

Alter: *81*

Frage 1: Hararis Sicht auf den Humanismus lässt sich kurz mit „Mensch als Gott" beschreiben. Inwiefern stimmen Sie dem zu, bzw. widersprechen diesem Humanismusbegriff?

„Ich finde dieses Bild vom Humanismus, dass bei Harari letzten Endes zu einer Art Religion mutiert, fragwürdig. Es gibt beliebig viele Definitionen/Ansichten zu dem, was Humanismus sein könnte und wie er geschichtlich einzuordnen ist. Humanismus als Religion zu bezeichnen ist mir fremd. Hararis Sicht, auch den Nationalsozialismus in die Kategorie eines evolutionären Humanismus einzuordnen kann ich nicht folgen. Die weitreichenden Folgen für die weitere Argumentation von Harari hätte eine etwas tiefere Auseinandersetzung mit den Traditionen und Ausdeutungen des Humanismus gut getan.

Aber auch andere Begriffe, die Harari verwendet, finde ich unzureichend bzw. gar nicht definiert. Dazu zählen insbesondere die mit der Entwicklung von KI-Systemen immer wieder angewendeten Begriffe ‚Bewusstsein' und ‚Intelligenz'. Wo liegt hier der prinzipielle Unterschied zwischen Mensch und Maschine? Ohne ein definitorisches Gerüst hängt jede Argumentation in der Luft. Das ist insbesondere im Hinblick auf die weitere Argumentation in Richtung der – nach Harari – sich abzeichnenden neuen ‚Religion' ‚Dataismus' ein Versäumnis."

Frage 2: Wie ist Ihre persönliche Einschätzung zu der von Harari aufgegriffenen Strömung des „Dataismus"? Hat der Kern dieser Weltsicht (nach Hararis Schilderung) Gehalt? Kann diese „Datenreligion" in Zukunft die Menschheit bestimmen?

„Ich stimme Harari insoweit zu, als ein (wie auch immer definierter „Dataismus", d.h., die Möglichkeit eine fast unbegrenzte Menge von Daten zu sammeln und zu analysieren) unser Leben in Zukunft nachhaltig bestimmen wird. Dazu wäre es allerdings auch wichtig, sich einmal grundsätzlich – und über ein ‚Storytelling' hinaus damit zu befassen, was KI eigentlich ist und – je nach Definition – wie künstlich Intelligenz überhaupt sein kann. Eine zunehmende Symbiose zwischen Mensch und Maschine sehe ich kommen. Das aber als ‚Datenreligion' zu bezeichnen, befremdet.

Für eine so beutende These (‚Datenreligion') fehlt mir eine Auseinandersetzung mit der Frage, was er (Harari) überhaupt unter ‚Religion' versteht. Ein solches Fundament halte ich für unerlässlich, wenn es darum geht, eine so weitreichende Schlussfolgerung über die Zukunft des menschlichen Zusammenlebens zu ziehen.

Für mich bedeutet (vielleicht zu kurz gefasst …) Religion eine Sammlung von Regeln, die das Überleben der menschlichen Gesellschaft (und nicht des Individuums!) unter möglichst guten Bedingungen gewährleistet. Das variiert natürlich in Abhängigkeit vom jeweiligen kulturellen, natürlichen und geschichtlichen Hintergrund. Ihre Autorität erhält Religion zumeist durch ihre transzendentalen Wurzeln. Was Harari darunter (über ein paar eher feuilletonistischer Sätze hinaus) versteht, bleibt für mich offen. Wie aber kann er dann eine ‚neue' Religion, die den ‚Humanismus' (auch eine ‚Religion'??) ablösen soll, mit einem wie auch immer definierten ‚Dataismus' begründen?"

Frage 3: Wo sehen Sie in Zukunft die größten wirtschaftlichen Veränderungen? Diese können politische, volkswirtschaftliche, betriebswirtschaftliche, aber auch gesellschaftliche Aspekte beinhalten.

„Wie bereits erwähnt, werden KI und andere Symbiosen von Mensch und Maschine in der Zukunft von enormer Bedeutung sein.

Aber auch andere Faktoren werden unser Zusammenleben, sowie die Wirtschaft beeinflussen: Allen voran der rücksichtslose Umgang der Menschen mit der Umwelt und dem Klima. Wie wir die Menschheit mit dieser Überlebensfrage in Zukunft umgehen? Wieviel Zeit bleibt uns noch?

Da geht es zum einen um ein Umdenken im täglichen Handeln, zum anderen aber auch um technische Entwicklungen. Wie kann es gelingen, vielleicht 10 Mrd. Menschen mit ausreichend Energie, Wasser, Nahrung usw. zu versorgen und gleichzeitig unsere Erde als Lebensraum zu erhalten? Können wir alleine mit regenerativen Energien auskommen? Wird vielleicht eine neu entwickelte Kernenergie (Fusionsreaktor, Lösung des Problems der radioaktiven Abfälle) eine Renaissance erleben? Hier ist ein weites Feld zukünftiger Entwicklungen offen.

Einen weiteren großen Einfluss auf die Gesellschaft wird die Migration haben, vor allem als Folge des Klimawandels. Werden die jetzt schon zu beobachtenden Tendenzen zur Abschottung weiter zu nehmen? Können dann überhaupt kriegerische Auseinandersetzungen vermieden werden? Wie stellt sich ein richtig verstandener Humanismus diesen Fragen?“

Frage 4: Harari behandelt im „Homo Deus“ viele vollkommen unterschiedliche Themen, welche größtenteils durchaus komplex sind. Wie schätzen Sie die wissenschaftliche Qualität seines Buches ein?

„Meiner Meinung nach ist Harari kein wissenschaftlicher Autor. Ich sehe ihn als brillanten Essayisten, der aber für seine Geschichten keine begrifflich klare Basis legt und damit angreifbar wird.“

Frage 5: Teilen Sie Hararis Blick auf die Zukunft? An welchen Stellen würden Sie Kritik üben? Wie ist Ihre persönliche Einschätzung zur Entwicklung bis zum Ende des Jahrhunderts?

„Vor einiger Zeit ist mir ein Buch in die Hände gefallen: ‚Die Welt in 100 Jahren‘ von Arthur Brehmer, welches Anfang des letzten Jahrhunderts erschien. Darin werden vielerlei Thesen aufgestellt. Unter anderem das Besiegen aller Krankheiten durch das Radium, oder aber die Bedeutung der Luftschifffahrt (keine Flugzeuge, sondern Zeppeline gefüllt mit ‚nichts‘. ‚Nichts‘ – Vakuum – ist noch leichter als das leichteste Gas – Wasserstoff).

Das Ende aller Kriege wird ebenso prophezeit wie das Telefon in der Westentasche (!) und eine starke und gleichberechtigte Rolle der Frau (die dann allerdings eine Evolution zu eher männlich zugeordneten Körpermerkmalen durchläuft ...) – amüsant zu lesen aber nicht unbedingt ein Spiegel der heutigen Zeit. Auch spätere Blicke in die Zukunft von teilweise sehr renommierten Denkern und Technologen fallen aus Sicht der damaligen Zukunft – in der wir ja heute leben – vielfach in die Kategorie des Anekdotischen.

Sie sehen also: Man kann die Zukunft schlicht und einfach nicht vorhersagen – und das ist auch gut so – sonst wäre das Leben ja langweilig! In meinen Vorlesungen verwende ich immer gerne den Satz: ‚Die Zukunft ist leider nicht das geworden, was sie mal war.'"

Frage 6: Würden Sie den „Homo Deus" anderen Personen als Lektüre empfehlen?

„Ja, mit gewissen Vorkenntnissen durchaus. Alleine schon, weil es zu einer Auseinandersetzung mit einigen sehr kontroversen Thesen führt. Man sollte es allerdings nicht ‚gläubig' verschlingen."

Nicolaus Steenken

Datum: 17. Februar 2020

Name: *Nicolaus Steenken*

Ausbildung und Beruf: *BWL, Unternehmensberater*

Alter: *62*

Frage 1: Hararis Sicht auf den Humanismus lässt sich kurz mit „Mensch als Gott" beschreiben. Inwiefern stimmen Sie dem zu, bzw. widersprechen diesem Humanismusbegriff?

„Diese Begriffsdefinition stimmt nicht mit der in der Philosophie üblichen Definition des Humanismus europäischen Ursprungs überein. Erasmus von

Rotterdam verband in seinen Lehrschriften die Lehren Platons und Aristoteles mit der Spiritualität des Frühchristentums. Nichts lag ihm ferner, als den Menschen zum Gott zu erklären."

Frage 2: Wie ist Ihre persönliche Einschätzung zu der von Harari aufgegriffenen Strömung des „Dataismus"? Hat der Kern dieser Weltsicht (nach Hararis Schilderung) Gehalt? Kann diese „Datenreligion" in Zukunft die Menschheit bestimmen?

„Harari extrapoliert die zunehmende Bedeutung der Digitalisierung aller sozialen und wirtschaftlichen Lebensbereiche zu seiner Vision vom Dataismus. Meiner Ansicht nach handelt es sich um eine Warnung an die Menschen in den heutigen liberalen Gesellschaften, sich diesem Trend nicht einfach zu ergeben. Das ist ein Verdienst des Buches."

Frage 3: Wo sehen Sie in Zukunft die größten wirtschaftlichen Veränderungen? Diese können politische, volkswirtschaftliche, betriebswirtschaftliche, aber auch gesellschaftliche Aspekte beinhalten.

„Die größte Herausforderung wird sein, die liberalen demokratischen Gesellschaften vor der zunehmenden wirtschaftlichen und technologischen Macht großer Weltkonzerne zu schützen."

Frage 4: Harari behandelt im „Homo Deus" viele vollkommen unterschiedliche Themen, welche größtenteils durchaus komplex sind. Wie schätzen Sie die wissenschaftliche Qualität seines Buches ein?

„Ich halte es für ein populärwissenschaftliches Buch. Es hat nicht den Anspruch eine überprüfbare ökonomische oder soziale Theorie zu liefern."

Frage 5: Teilen Sie Hararis Blick auf die Zukunft? An welchen Stellen würden Sie Kritik üben? Wie ist Ihre persönliche Einschätzung zur Entwicklung bis zum Ende des Jahrhunderts?

„Harari versäumt es seine Zukunftsaussagen als Prognose oder Warnung zu qualifizieren. Es handelt sich eher um ‚Extrapolationen unter der Annahme, dass zukünftig keine Strukturbrüche und völlig neue Verhaltensmuster gibt.' Für Topmanager sind seine Analysen dennoch sehr wertvoll, weil sich große Unternehmen mithilfe solcher Warnungen schneller in Richtung Digitale Geschäftsmodelle transformieren lassen."

Frage 6: Würden Sie den „Homo Deus" anderen Personen als Lektüre empfehlen?

„Ja."

Dr. Peter Scheubert

Datum: 09. April 2020

Name: *Dr. Peter Scheubert*

Ausbildung und Beruf: *Studium der Elektrotechnik (TUM), Ingenieur*

Alter: *49*

Frage 1: Hararis Sicht auf den Humanismus lässt sich kurz mit „Mensch als Gott" beschreiben. Inwiefern stimmen Sie dem zu, bzw. widersprechen diesem Humanismusbegriff?

„Das Konzept ist gewöhnungsbedürftig. Andererseits ist die Grundüberlegung ‚Humanismus = Selbstbezug des Menschen' und damit Ablösung eines Bezugs zur Göttlichkeit interessant und ein spannender Ausgangspunkt. Schwer tue ich mir damit, Nationalsozialismus als Variante des Humanismus zu sehen. So etwas darf sich in diesem unserem Lande nur ein Jude ausdenken."

Frage 2: Wie ist Ihre persönliche Einschätzung zu der von Harari aufgegriffenen Strömung des „Dataismus"? Hat der Kern dieser Weltsicht (nach Hararis Schilderung) Gehalt? Kann diese „Datenreligion" in Zukunft die Menschheit bestimmen?

„Ich stimme nicht mit Hararis Ansicht überein, mit dem Dataismus werde eine neue Religion die Welt erobern und existierende Religionen oder deren Überreste ablösen. Vielleicht ist dies auch in dem Begriff der ‚Religion' begründet, den ich persönlich anders definieren würde als Harari. Nach meinem Geschmack greift der technikbegeisterte, jedoch nicht gelernte Naturwissenschaftler Strömungen, Entwicklungen und mögliche Zukunftstechnologien in etwas undifferenzierter Weise auf, um daraus eine kühne Zukunftsprognose zu extraplieren, die so aber nicht unbedingt eintreffen muss. Damit könnte auch der Dataismus, wie er ihn schildert hinfällig werden. Wobei die Fragestellung spannend ist, wie und in welcher Form ‚Religion' mit den aktuellen und zukünftigen technischen Entwicklungen noch kompatibel sein kann."

Frage 3: Wo sehen Sie in Zukunft die größten wirtschaftlichen Veränderungen? Diese können politische, volkswirtschaftliche, betriebswirtschaftliche, aber auch gesellschaftliche Aspekte beinhalten.

„Die 4. Industrielle Revolution findet vor unseren Augen statt. Es mag die Digitalisierung anders ablaufen, als sich dies in unzähligen politischen Statements, dem Ringen um eine moderne Bildungspolitik oder den Hochglanzprospekten der Industrie darstellt wird, aber sie übernimmt unbestritten mehr und mehr ureigenste Aufgaben des Menschen Harari hat in seinem Nachfolgebuch ‚21 Lektionen' einige interessante Aspekt herausgegriffen und erstaunlich differenziert betrachtet. Insbesondere das Konzept einer Klasse von ‚Nutzlosen' überzeugt mich. Arbeitsplätze, Zukunftsperspektiven und ganze Lebensplanungen werden wegautomatisiert. Die zentralen Herausforderungen sehe ich darin, dass das Prinzip des ‚sich mit sich selbst beschäftigen' zu einer zu instabilen Welt geführt hat, in der zu viele Menschen Dinge tun, die nicht wirklich gebraucht werden. Die in ihren Folgen noch nicht absehbare Coronakrise könnte destruktive Bereinigungen auslösen.

Bedingt durch technische Entwicklungen findet jedem Fall findet eine zunehmende Virtualisierung statt, d.h. Verlagerung von Wertschöpfung ins digitale statt während gleichzeitig Steuersysteme, Technikethik aber auch Ausbildung breiter Gesellschaftsschichten nicht mehr mit der Fortentwicklung Schritt halten kann. Gleichzeitig werden Überwachungsregimen Techniken an die Hand gegeben, von der Despoten vergangener Jahrtausende nicht gewagt hätten zu träumen. In Summe sehe ich den Humanismus im Sinne von ‚dem Menschen gutes wollen' gefährdet."

Frage 4: Harari behandelt im „Homo Deus" viele vollkommen unterschiedliche Themen, welche größtenteils durchaus komplex sind. Wie schätzen Sie die wissenschaftliche Qualität seines Buches ein?

„Zu viel der Ansatz des Hausmeisters, der von nichts wirklich Ahnung hat, aber überall mitreden können soll.“

Frage 5: Teilen Sie Hararis Blick auf die Zukunft? An welchen Stellen würden Sie Kritik üben? Wie ist Ihre persönliche Einschätzung zur Entwicklung bis zum Ende des Jahrhunderts?

„Den Dataismus als „Religion der Zukunft“ sehe ich kritisch. Bis zum Ende des Jahrhunderts sind noch 80 Jahre. Das Moorsche Gesetz scheint weiter Gültigkeit zu haben, so werden wir mit höherer Computerleistung, allgegenwärtiger Vernetzung weit steigender Elektronifizierung, Miniaturisierung und Perfektionierung von Elektronik konfrontiert sein. Gleichzeitig wird Komplexität, Interdependenz und nicht deterministisches Verhalten der Systeme zunehmen. Dies wird zu einer scheinbaren Vermenschlichung der Technik führen, wobei sie in Teilaspekten unberechenbar und neurotisch werden wird. Gleichzeitig sehe ich eine Technisierung des Menschen kommen, d.h. eine Anpassung von Sprache und Denkmustern an starre Algorithmen. Auf politischer Ebene wird es zu einem Wettkampf der Systeme kommen. Totalitäre Regime werden ohne Skrupel alles technisch Mögliche (inkl. Manipulationen am Genpool) zu nutzen versuchen im Kampf gegen andere Gesellschaftsentwürfe, die historisch gesehen ihren Bewohnern zumindest einstmals mehr Freiheit zugestanden haben.“

Frage 6: Würden Sie den „Homo Deus“ anderen Personen als Lektüre empfehlen?

„Ja. Es stecken interessante Gedanken drin und man kann darüber hinweglesen, was einem nicht passt.“

Gerd Ledtermann

Datum: 14. April 2020

Name: *Gerd Ledtermann*

Ausbildung und Beruf: *Diplom-Kaufmann, GmbH-Geschäftsführer*

Alter: *49*

Frage 1: Hararis Sicht auf den Humanismus lässt sich kurz mit „Mensch als Gott" beschreiben. Inwiefern stimmen Sie dem zu, bzw. widersprechen diesem Humanismusbegriff?

„Ganz so habe ich den Homo Deus nicht verstanden. Für mich sieht Harari vorher, dass der Mensch durch die Entwicklungen in Medizin und Technik immer mehr Gestaltungs- und Einflussmöglichkeiten auf Bereiche gewinnt, die er früher seinen bzw. seinem Gott zugesprochen hat. Der Mensch hat sicherlich bereits den größten Teil seiner Entwicklungsgeschichte versucht das Schicksal selbst in die Hand zu nehmen, unabhängig von seinem Glauben an Gott und Götter. Die technologischen Entwicklungen der Gegenwart und die zu erwartenden weiteren Fortschritte ermöglicht ihm aber immer mehr ehemals den Göttern zugeschriebenen Einfluss auszuüben. Harari nennt hierbei ja explizit die Erfolge in der Medizin und im Gesundheitswesen, die das Leben der Menschen immer weiter verlängern. Insofern verstehe ich den Homo Deus als Zukunftsprognose, die der Menschheit für die Zukunft die Rolle zukommen lässt, die sie selbst in der Vergangenheit ihren Göttern zugeschrieben hat."

Frage 2: Wie ist Ihre persönliche Einschätzung zu der von Harari aufgegriffenen Strömung des „Dataismus"? Hat der Kern dieser Weltsicht (nach Hararis Schilderung) Gehalt? Kann diese „Datenreligion" in Zukunft die Menschheit bestimmen?

„Hararis Vergleich des ‚Dataismus' mit einer Religion gefällt mir. Dieser Vergleich regt in jedem Fall zum Nachdenken an, über einen neuen Sachverhalt und die damit verbundenen Probleme. Erst die Massenerhebung und -verarbeitung von Daten haben eine Reihe von Fragen aufgeworfen, um die sich früher kaum jemand Gedanken gemacht hatte. Der Vergleich mit einer Religion ist deshalb so treffend, weil es Glaubensfragen sind, die KI und BigData aufwerfen. Die Menschheit muss zwangsweise eine Philosophie entwickeln zu den neu entstandenen Fragestellungen, kann dabei aber auf keine, bzw. kaum Erfahrungswerte aus der Vergangenheit zurückgreifen. Ob der Dataismus dabei zur neuen ‚Weltreligion' taugt bezweifle ich. Dass der Dataismus in Zukunft die Menschheit zu einem großen Teil bestimmen wird glaube ich hingegen schon (s. Frage 3)."

Frage 3: Wo sehen Sie in Zukunft die größten wirtschaftlichen Veränderungen? Diese können politische, volkswirtschaftliche, betriebswirtschaftliche, aber auch gesellschaftliche Aspekte beinhalten.

„Sicherlich ist die automatische Massenverarbeitung von Daten jetzt schon für die meisten wirtschaftlichen Veränderungen verantwortlich, die wir gegenwärtig erleben. Immerhin sorgen die beiden wertvollsten Unternehmen der Welt, Saudi Aramco und Apple noch für einen realwirtschaftlichen Output, was man vom Rest der Top 5 (Microsoft, Alphabet-Google und Facebook) schon nicht mehr behaupten kann. Ich erwarte, dass sich dieser Trend fortsetzen wird und immer mehr Umsatz mit „virtuellen" bzw. immateriellen Wirtschaftsgütern erzielt werden wird. Die Auswirkungen auf Politik, Gesellschaft sowie Volks- und Betriebswirtschaft werden sich daraus ergeben. Zum Beispiel sehe ich als Auswirkung auf die betriebliche Organisation und die Arbeitswelt, dass dadurch auch diese verstärkt virtualisiert wird. Immer mehr Firmen schaffen den fest zugeordneten Arbeitsplatz mit Schreibtisch und persönlichen Devotionalien ab und setzen verstärkt auf home office und shared office spaces. Volkswirtschaftlich gesehen wird der Anteil des primären und sekundären Sektors weiter sinken."

Frage 4: Harari behandelt im „Homo Deus" viele vollkommen unterschiedliche Themen, welche größtenteils durchaus komplex sind. Wie schätzen Sie die wissenschaftliche Qualität seines Buches ein?

„Glücklicherweise durfte ich Hararis Werke zur Unterhaltung lesen und musste mir keine Gedanken zum wissenschaftlichen Gehalt machen. Und dazu kann ich nur sagen, die allermeisten wissenschaftlichen Texte sind in meinen Augen langweiliger. Mehrfach habe ich aber die Kritik gehört, dass Harari zwar insgesamt sauber recherchiert hat, aber dabei die Philosophen zu kurz gekommen sind. Es handelt sich eben um ein populärwissenschaftliches Werk."

Frage 5: Teilen Sie Hararis Blick auf die Zukunft? An welchen Stellen würden Sie Kritik üben? Wie ist Ihre persönliche Einschätzung zur Entwicklung bis zum Ende des Jahrhunderts?

> „Auf jeden Fall hat mich ‚Homo Deus' zum Nachdenken angeregt. Über viele der beschriebenen Themen und Zukunftsprognosen hatte ich mir vorher kaum Gedanken gemacht. Teilweise erscheint mir Hararis Werk aber zu optimistisch. Auch wenn Zukunftsforscher immer wieder von einer exponentiellen technologischen Entwicklung sprechen, sehe ich einige Entwicklungen langsamer kommen als prophezeit. Auch werden Themen wie die Klimakatastrophe und das Artensterben bei Harari nur angeschnitten. Nach meiner persönlichen Einschätzung werden diese bis zum Ende des Jahrhunderts aber den größten Einfluss auf unser Leben haben und wahrscheinlich auch die Richtung der technologischen Entwicklungen bestimmen."

Frage 6: Würden Sie den „Homo Deus" anderen Personen als Lektüre empfehlen?

> „Dies ist bereits mehrfach geschehen. Einigen Freunden habe ich das Buch bereits empfohlen."

Zeitfracht Medien GmbH
Ferdinand-Jühlke-Straße 7
99095 Erfurt, Deutschland
produktsicherheit@kolibri360.de